国家职业技能等级认定培训教材
国家基本职业培训包教材资源

建筑信息模型技术员

（基础知识　初级）

U0344078

中国人力资源和社会保障出版集团

中国劳动社会保障出版社　　中国人事出版社

图书在版编目（CIP）数据

建筑信息模型技术员：基础知识　初级／人力资源社会保障部教材办公室组织
编写. -- 北京：中国劳动社会保障出版社：中国人事出版社，2020
国家职业技能等级认定培训教材
ISBN 978-7-5167-4269-3

Ⅰ.①建…　Ⅱ.①人…　Ⅲ.①建筑设计–计算机辅助设计–应用软件–职业技
能–鉴定–教材　Ⅳ.①TU201.4

中国版本图书馆 CIP 数据核字（2020）第 070764 号

中国劳动社会保障出版社
中国人事出版社 出版发行
（北京市惠新东街 1 号　邮政编码：100029）

*

北京市艺辉印刷有限公司印刷装订　　新华书店经销
787 毫米 ×1092 毫米　16 开本　15.5 印张　239 千字
2020 年 7 月第 1 版　　2020 年 7 月第 1 次印刷
定价：48.00 元

读者服务部电话：（010）64929211/84209101/64921644

营销中心电话：（010）64962347

出版社网址：http://www.class.com.cn

编审委员会

主　　任　许溶烈　刘晓一　张京跃　张　鸣　刘立明

委　　员　魏　来　李云贵　张江波　杨宝明　刘占省　赵雪峰
　　　　　周　志　向　敏　叶雄进　王晓军　杨吉清　赵　昂
　　　　　李雄毅　吴恩振

本书编写人员

主　　编　陈　智　郭建一

执行主编　王　鹏　曹　阳

副 主 编　王　杰　孙晓静　刘全华　青　宁　连旭文　王　珺
　　　　　张现林　米金地　张建华　朱自清　陈　旭　蒲建军
　　　　　曾开发

编　　者（排名不分先后）
　　　　　周赛波　黄　丹　陈志宇　刘子义　李光明　张雪梅
　　　　　刘健威　陆　亭　刘鹏飞　王效磊　周　栋　李明顺
　　　　　曹　佐　唐海龙　王迎梅　刘林朋　任尚万　刘禹含
　　　　　武京华　刘文锋　巨　艳　代颖博　朱　挺　王　浩
　　　　　王伶俐　李　静　江培刚　严　涛　毛建新

前　言

为加快建立劳动者终身职业技能培训制度，大力实施职业技能提升行动，全面推行职业技能等级制度，推进技能人才评价制度改革，促进国家基本职业培训包制度与职业技能等级认定制度的有效衔接，进一步规范培训管理，提高培训质量，人力资源社会保障部教材办公室组织有关专家编写了建筑信息模型技术员国家职业技能等级认定培训系列教材（以下简称等级教材）。

建筑信息模型技术员等级教材紧贴企业岗位技术相关要求编写，内容上突出职业能力优先的编写原则，结构上按照职业功能模块分级别编写。该等级教材共包括《建筑信息模型技术员（基础知识　初级）》《建筑信息模型技术员（中级）》《建筑信息模型技术员（高级）》3本。《建筑信息模型技术员（基础知识　初级）》包括了各级别建筑信息模型技术员均需掌握的基础知识，其他各级别教材内容分别包括各级别建筑信息模型技术员应掌握的理论知识和操作技能。

本书是建筑信息模型技术员等级教材中的一本，是职业技能等级认定推荐教材，也是职业技能等级认定题库开发的重要依据，已纳入国家基本职业培训包教材资源，适用于职业技能等级认定培训和中短期职业技能培训。

本书在编写过程中得到行业相关协会、企业及专家的大力支持与协助，在此一并表示衷心感谢。

人力资源社会保障部教材办公室

鸣 谢

特别鸣谢以下单位（排名不分先后）：

国家超级计算长沙中心

中国建筑装饰协会

北京建谊投资发展（集团）有限公司

必易思源（北京）建筑科技有限公司

北京一砖一瓦工程管理咨询有限公司

杭州学天教育科技有限公司

武汉墨斗建筑咨询有限公司

学尔森教育集团

中国东方教育

中建一局三公司

西安交通大学

湖南龙的文化传播有限公司

中国建筑西北设计研究院有限公司

黄河上中游管理局西安规划设计研究院

西安筑能建筑设计咨询有限公司

西安建筑科技大学建筑设计研究院

福建省晨曦信息科技股份有限公司

湖南茂劲信息科技有限公司

天津中铁电气化设计研究院有限公司

太原一百一教育咨询有限公司

石家庄铁道大学四方学院

内蒙古建筑职业技术学院

西安思源学院

福建工程学院

延安职业技术学院

青岛理工大学

宜春学院

目　录

第 1 章 ① 职业道德与职业守则

第 1 节　职业道德

一、道德概述

道德是人们对于自身所依存的社会关系的一种自觉反映形式，是依靠教育、舆论和人们内心信念的力量，来调整人们相互之间的观念、原则、规范、准则等的总和。道德的性质、作用和发展变化都与一定的社会基础相适应。因此，不同的历史发展阶段，基于不同的生产力水平而形成的不同性质的生产关系，产生了不同的道德类型。

1. 道德的含义

道德是思想意识和行为规范问题，属于上层建筑。道德是任何人都要懂得并需要具备的基本素质。我国是社会主义国家，要求用社会主义道德观培养、塑造每一个公民。党的十八大报告提出要加强"四德建设"。"四德"即社会公德、职业道德、家庭美德、个人品德。报告把"四德建设"提升到"推进公民道德建设工程"的高度具有重要意义。道德建设是具体的，从社会到个人，"四德建设"基本上可以涵盖道德建设的内容。社会主义道德是以社会公德、职业道德、家庭美德和个人品德等具体形式体现的，其中社会公德是个人道德修养和社会文明程度的集中表现，家庭美德是社会和谐的基础。从某种意义上说，是不是一个合格的建筑信息模型技术员，首先要看其有没有基本的道德修养和职业道德。

2. 道德的特点

在日常生活中，人们经常说这种行为是高尚的，那种行为是卑鄙的；这个人诚实、品质好，那个人虚伪、品质差。这种用高尚、卑鄙、诚实、虚伪之类的词汇评价人的某些行为和思想就是道德评价。例如，老年人乘坐公交车时，有的人会赶快起身让座；但也有的人却视而不见，闭上眼睛装睡觉。对此，大家的评价是：前者是尊老、爱老且具有良好道德修养的人；后者则是道德缺失且修养较差的人。由此说明，道德的构成有两个方面：一是道德观念，即思想意识中的东西；二是行为规范，即在一定道德观念指导下的具体行为准则。

3. 道德的作用

概括地说，道德既是根据一定的行为规范和规则，对人的思想和行为做出善恶、荣辱等方面评价的方式，又是衡量一个人品德好坏的客观标准。道德问题是人们在社会生活中随时都会遇到的问题。正确的道德观念对于协调人与人之间的关系、维持社会生活的稳定和促进人类文明的发展具有重要作用。人类的道德有一个形成和发展的过程。早在原始社会，在国家和法律还没有出现时，人与人之间的关系就是靠以风俗习惯为主要内容的原始道德加以调整的。随着社会的发展，公共生活的规模越来越大，人与人之间的交往也越来越广泛，这就需要在整个社会中形成明确的善恶标准，用以引导和约束人们的社会行为，调整人与人之间的关系。这时，以确定的权利义务观念和具体的行为规范为特征的道德，逐渐成了社会生活中不可缺少的东西。

二、职业道德

通常所说的职业道德，是指不同行业的人在自己的职业活动中所遵循的行为准则，即一个人在其职业生活实践中应当遵循的道德准则与规范，以及与之相适应的道德观念、情操和品质。

1. 职业道德的特点

职业道德是社会道德的重要组成部分，它具有以下几个特点。

（1）稳定性和连续性。职业道德的内容往往表现为某一职业所特有的道德传统和道德准则。一般来说，职业道德所反映的是本职业的特殊利益和要求，而这些要求是在长期、反复的特定职业社会实践中形成的，其中有些是独具特色、代代相传的。不同的民族有其特有的职业生活方式，从事特定职业也有其特定的职业生活方式。这种由不同职业、不同生活方式长期积累逐渐形成的相对稳定的职业心理、道德传统、道德观念以及道德规范、道德品质，则形成了职业道德相对的连续性和稳定性。如医生的宗旨是救死扶伤，军人是服从命令，商人则要诚信无欺，教师要为人师表，领导应以身作则等，这些均是约定俗成的社会共识。一般来说，进入某个行业、从事某一职业，首先要学习、掌握这一职业的道德，要遵守行约、行规。只有认真、模范地实现职业道德的人，才是这一职业中的优秀人才。

（2）专业性和有限性。道德是调节人与人之间关系的价值体系。鉴于职业的特点，职业道德调节的范围主要限于本职业的成员，而对于从事其他职业的人就不一定适用。这就是说，职业道德的调节作用，一是调节从事同一职业的人员的内部关系，二是调节本行业从业人员与其服务对象之间的关系。

（3）多样性和适用性。由于职业道德是依据本职业的业务内容、活动条件、交往范围以及从业人员的承受能力而制定的行为规范和道德准则，所以职业道德是多种多样的，有多少种职业就有多少种职业道德。但是，每种职业道德又必须具有具体、灵活、多样的特点，以便从业人员能够记忆、接受和执行，并逐渐形成习惯。

2. 职业道德的作用

职业道德在每个人的职业生涯中均有着极其重要的意义。随着社会主义市场经济的发展，道德教育问题已成为国家和社会十分关注的重要问题。要紧密结合发展社会主义市场经济的新要求，努力加强社会主义道德教育，不断提高全体人民的思想道德素质。

提高思想道德素质是提高职业道德的前提，对进入建筑信息模型设计行业的新人来说，只有懂得思想道德教育的重要性，才能进一步懂得职业道德在职业生涯中的重要性。思想道德教育之所以重要，是因为在社会生活中，为了共同的生活需要，每个人都应对自己的行为加以必要的限制和约束。道德和法律都是上层建筑的组成部分，是维护社会秩序、规范人们思想和行为的重要手段。法律以及各种行政措施、规章制度，对人加以限制和约束是强制性的，用依法制裁的方法制止人们违法犯罪，违反的人要受到批评、惩罚和制裁。而道德对人的限制和约束则是通过社会舆论和每个人自己的内在信念共同起作用，是以培养、提高个人道德品质，通过人对于善恶的内在信念，使人们正确认识和处理各种利益关系，不做有损社会和他人的事。因此，道德教育是社会主义精神文明建设的重要组成部分，是规范人们思想行为的重要手段。

职业道德在人的职业生涯中之所以重要，就在于它在人的职业生活中进行了道德规范。

社会的道德观念是随着人类社会物质生活条件的变化而不断发展变化的。当前，我国现实生活中涉及的伦理道德问题很多，这是因为我国是一个有着悠久历史和灿烂文化的文明古国，有许多优秀的道德传统，但也有不少封建道德糟粕。在改革开放大潮中，外来文化同传统文化有融合、吸收和发展，但也有冲击和碰撞。因而，许多人对于什么是社会主义道德标准，思想上有一些混乱，应进行道德教育，以社会主义道德准则教育、引导全体公民。随着当代社会的发展，人们越来越关心自身的道德修养。道德修养是个人修养的核心。但是这种观念并不是自然而然形成的，而是要进行道德教育，这种教育是一个需要反复进行的过程。

第2节　职业守则

一个人的职业修养如何，不仅是看其说的或知道的多少，还要看其行为表现，即做了什么、怎么做的。建筑信息模型技术员的职业守则就是从业人员的行为规范，要身体力行、认真自觉遵守。

一、遵纪守法，诚实守信

道德和法律都是调节人与人之间关系的手段。在我国，道德和法纪虽然是两种不同的社会规范，但它们在本质上是一致的，都是为社会主义事业服务的，它们之间紧密联系、相互作用、相互渗透、相辅相成。社会主义法纪在培养人们的社会主义职业道德中具有重要的作用。社会主义法纪本身也体现着社会主义职业道德的精神，是培养和推进职业道德品质的有力武器。所以，遵纪守法是每个公民以及从事任何职业的劳动者都必须具备的基本道德规范。

诚实守信是一种品质，具有这种品质的人，会给人一种靠得住、信得过的感觉。作为建筑工程从业人员，建筑信息模型技术员在工作过程中应当诚实守信，说到做到，这样才能获得他人的信赖。

二、爱岗敬业，主动服务

爱岗敬业是社会主义职业道德的核心，是中华民族的传统美德。爱岗敬业是社会主义职业道德最基本、最普遍的要求。爱岗，就是热爱自己的工作岗位，热爱自己的本职工作。敬业，就是以极端负责的态度对待自己的工作。敬业精神是一种积极向上的人生态度，人生的价值在于勤奋、进步、奉献，而敬业精神就是一种奉献精神。

建筑信息模型技术员在工作中会遇到许多预料之外的问题与困难，这就需要从业人员具备主动服务的观念，依据规定和相关标准认真、细致、积极地进行沟通，不能得过且过，对所有的问题都采取一致化处理的方法，这种工作作风将严重损毁职业形象和自身素质与信誉。

三、谦虚谨慎，团结协作

谦虚是指人们敢于承认自己在某一领域的无知和不足，能够清醒地认识到自己的缺点和不足，从而虚心接受别人的意见并不断地、主动地学习进取。谨慎是指在待人接物和处理问题时，常常要三思而后行，切忌急躁轻率、鲁莽冒失，以免给单位或个人造成损失。自古以来，谦虚谨慎都是人生道德修养必备的品格，具有这种品格的人，在待人接物时能温和有礼、平易近人、善于倾听、虚心求教、取长补短，对自己有自知之明，在成绩面前不居功自傲，能保持清醒的认识，在缺点和错误面前不文过饰非，能采取积极改正的态度。我们要加强思想道德修养，同样需要保持谦虚谨慎的优良作风和传统，并将其不断发扬光大。无论我们身处什么岗位、担任什么职务，只有始终做到谦虚谨慎，才能永不自满、保持不断进取的精神，才能增长更多的知识和才干。只有具有谦虚谨慎的优秀品格，才能够看到自己工作中的差距和不足，也能够冷静地倾听他人的意见和批评，谨慎从事。一旦丢掉了谦虚谨慎的优良传统，就会变得骄傲自大、忘乎所以，就会故步自封、满足现状、停步不前，就会主观武断、盲目决策，轻者使工作受到损失，重者会使事业半途而废。

团结协作是一切事业成功的基础，个人和集体只有依靠团结的力量，才能把个人的愿望和团队的目标结合起来，超越个体的局限，发挥集体的协同作用。一个缺乏合作精神的人，不仅事业上难有建树，很难适应时代发展的需要，也很难在激烈的竞争中立于不败之地。越是现代社会，孤家寡人、单枪匹马越难取得成功，越需要团结协作，形成合力。从某种意义上讲，帮别人就是帮自己，合则共存，分则俱损。如果因为心胸狭隘，单枪匹马去干事，放着身边的人力资源不去利用，结果只能是事倍功半，甚至更糟。

四、爱护设备，安全操作

日常维护与计划检修相结合，这是贯彻"预防为主"、保持设备良好技术状态的主要手段。加强日常维护，定期进行检查、润滑、调整、防腐，可以有效地保持设备功能，保证安全运行，延长使用寿命，减少修理工作量。但是维护只能延缓磨损、减少故障，而不能消除磨损、根除故障。因此，还需要合理安排计划检修（预防性修理），这样不仅可以及时恢复设备功能，还可以为日常维护保养创造良好条件，减少维护工作量。

操作人员经过专业培训、考试合格取得操作证后方可持证上岗。机械设备必须按照出厂使用说明书规定的技术性能、承载能力和使用条件正确操作、合理使用，严禁超载、超速作业或任意扩大使用范围。机械作业前，施工技术人员应向操作人员进行技术交底。操作人员应熟悉作业环境和施工条件，听从指挥，遵守现场安全管理规定。

第 2 章 ② 建筑信息模型概述

第1节　建筑信息模型的概念及在我国的应用

随着信息技术的不断发展，单纯的二维图像信息已经不能满足人们的需要。人们在进行建筑信息处理的过程中发现，许多非图形信息比单纯的图形信息更重要。虽然随着 AutoCAD 版本的不断更新，DWG 格式已经开始承载更多的超出传统绘图纸的功能，但是这种对 DWG 格式的小范围修缮还远远不够。

1995 年 9 月，在北美建立了国际互协作组织（Industry Alliance for Interoperability，IAI），其最初目的是研讨实现行业中不同专业应用软件协同工作的可能性。由于 IAI 的名称令人难以理解，2005 年在挪威举行的 IAI 执行委员会会议上，IAI 被正式更名为 BuildingSMART，致力于在全球范围内推广和应用建筑信息模型技术及其相关标准。

目前，BuildingSMART 已经从最初局限于北美和欧洲的区域性组织发展到遍布全球 28 个国家的开放性国际组织。BuildingSMART 的目标是提供一种稳定发展的、贯穿工程生命周期的数据信息交换和互协作模型（见图 2-1-1），图中箭头方向为从规划到运维管理等阶段的各种数据信息的发展，其宗旨是在建筑全生命周期范围内改善信息交流、提高生产力、缩短交付时间、降低成本以及提高产品质量，如图 2-1-2 所示。

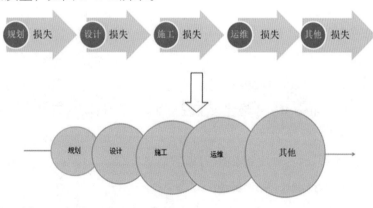

图 2-1-1　BuildingSMART 的目标

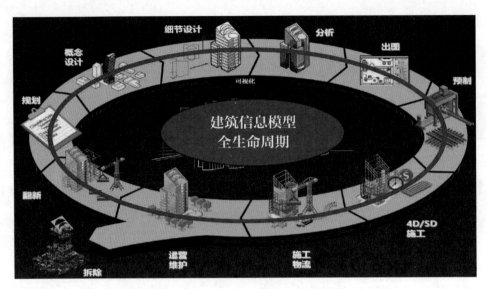

图 2-1-2　建筑信息模型全生命周期

2002 年以来，随着工业基础课程（Industry Foundation Classes，IFC）标准的不断发展和完善，国际建筑业兴起了以围绕建筑信息模型技术为核心的建筑信息化的研究。在工程生命周期的几个主要阶段，如规划、设计、施工、运维管理等，建筑信息模型技术对于改善数据信息集成方法、加快决策速度、降低项目成本和提高产品质量等方面都起到了非常重要的作用。同时，建筑信息模型技术可以促进各种有效信息在工程项目的不同阶段、不同专业间实现数据信息的交换和共享，从而提高建筑业的生产效率，促进整个行业信息化的发展。

一、基本概念

1.Building Information Model

Building Information Model 是建设工程（如建筑、桥梁、道路）及其设施的物理和功能特性的数字化表达，可以作为该工程项目相关信息的共享知识资源，为项目全生命周期内的各种决策提供可靠的信息支持。

2.Building Information Modeling

Building Information Modeling 是创建和利用工程项目数据，在其全生命周期内进行设计、施工和运营的业务过程，允许所有项目相关方通过不同技术平台之间的数据互用在同一时间利用相同的信息。

3.Building Information Management

Building Information Management 是使用模型内的信息支持工程项目全生命周期信息共享的业务流程的组织和控制，其效益包括集中和可视化沟通、更早进行多方案比较、可持续性分析、高效设计、多专业集成、施工现场控制、竣工资料记录等。

世界各地的学者对建筑信息模型有多种定义。美国将建筑信息模型（Building Information Modeling，BIM）描述为"一种对项目自然属性及功能特征的参数化表达"。BIM 被认为是应对传统 AEC 产业（Architecture，建筑；Engineering，工程；Construction，建造）所面临挑战的最有潜力的解决方案。其具有如下特征：首先，BIM 可以存储实体所附加的全部信息，这是 BIM 工具得以对建筑模型进一步开展分析运算（如结构分析、进度计划分析）的基础；其次，BIM 可以在项目全生命周期内实现不同 BIM 应用软件间的数据交互，方便使用者在不同阶段完成 BIM 信息的插入、提取、更新和修改，这极大地增强了不同项目参与者间的交流合作，并大大提高了项目参与者的工作效率。因此，近年来 BIM 在工程建设领域的应用越来越引人注意。

2011 年，伊士曼（Eastman）提出 BIM 中应当存储与项目相关的精确几何特征及数据，用来支持项目的设计、采购、制造和施工活动。他认为，BIM 的主要特征是将含有项目全部构件特征的完整模型存储在单一文件里，任何有关单一模型构件的改动都将自动按一定规则改变与该构件有关的数据和图像。BIM 建模过程允许使用者创建并自动更新项目所有相关文件，与项目相关的所有信息都作为参数附加给相关的项目文件。

泰勒（Taylor）和伯恩斯坦（Bernstein）认为，BIM 是一种与建筑产业相关联的应用参数化、过程化定义的全新 3D 仿真技术。而早在十多年前，BIM 就曾经被定义为可以使 3D 模型上的实体信息实现在项目全生命周期任意存取的工程技术环境中。曼宁（Manning）和梅斯纳尔（Messner）认为，BIM 是一种对建筑物理特征及其相关信息进行的数字化、可视化表达。史蒂文（Steven）等人认为，BIM 可以通过提供对项目未来情况的可视化、细节化模拟来帮助项目建设者做建设决定，BIM 是一种帮助建设者有效管理和执行项目建设计划的工具。波兰的 Kacprzyk 和 Kepa 认为，BIM 是一种允许工程师在建筑的全生命周期内构筑并修改的建筑模型。这意味着从开发商产生关于某一特定建筑的概念性设想开始，直到该建筑使用期结束被拆除，工程师都可以通过 BIM 技术不断对该建筑的模型进行调试与修正。通过传统图纸与现代三维模型间的信息交换，同时将大量额外建筑信息附加给三维模型，上述设想得以最终实现。

2016 年，我国国家标准《建筑信息模型应用统一标准》（GB/T 51212—2016）颁布，对 BIM 的定义是：建筑信息模型（BIM）是在建设工程及设施全生命周期内，对其物理和功能特性进行数字化表达，并依此设计、施工、运营的过程和结果的总称。

现阶段，世界各国对 BIM 的定义仍在不断地丰富和发展，BIM 的应用范围已经扩展到了项目整个生命周期的运营管理。此外，BIM 的应用也不仅仅局限于建筑领域，在基础设施领域也可发挥巨大的作用。

二、BIM 在我国的应用状况

我国的香港和台湾地区最早接触了 BIM 技术。自 2006 年起，香港率先试用，并且为了推行 BIM，于 2009 年自行订立 BIM 标准和用户指南等，同年还成立了香港 BIM 学会。2007 年，台湾大学加入了研究 BIM 的行列，还与 Autodesk（欧特克）公司签订了产学合作协议。从 2008 年起，BIM 引起了台湾建筑行业的高度关注，一些实力雄厚的大型企业已经在企业内部推广使用 BIM，并有大量的成功案例。台湾几所知名大学，如台湾大学和台湾国立交通大学等也对 BIM 进行了广泛、深入的研究，推动了对 BIM 的认知和应用。我国内地对 BIM 技术的推广和应用起步较晚，2012 年以前，仅有部分规模较大的设计或咨询公司有应用 BIM 的项目经验，如悉地国际有限公司、上海现代建筑设计集团、中国建筑设计研究院等。BIM 应用的典型案例上海中心大厦如图 2-1-3 所示。

图 2-1-3 上海中心大厦

经过多年的调查和积累，2015 年后，BIM 技术如雨后春笋般遍布我国内地各个工程项目，如被人们熟知的北京中国尊（见图 2-1-4）、天津 117 大厦（见图 2-1-5）、港珠澳大桥（见图 2-1-6）、北京大兴国际机场（见图 2-1-7）等工程均应用了 BIM 技术。除了体积巨大、结构复杂的标志性工程广泛应用 BIM 技术外，越来越多的房屋建筑和基础设施工程都在普遍应用 BIM 技术。

图 2-1-4　北京中国尊

图 2-1-5　天津 117 大厦

图 2-1-6　港珠澳大桥

图 2-1-7　北京大兴国际机场

在 BIM 技术的快速发展过程中，其高效性也得到了国家相关部门的高度重视。2011 年 5 月，《2011—2015 年建筑业信息化发展纲要》明确指出：在施工阶段开展 BIM 技术的研究与应用，推进 BIM 技术从设计阶段向施工阶段的应用延伸，降低信息传递过程中的衰减；研究基于 BIM 技术的 4D 项目管理信息系统在大型复杂工程施工过程中的应用，实现对建筑工程有效的可视化管理等。2012 年 1 月，《住房和城乡建设部关于印发 2012 年工程建设标准规范制订修订计划的通知》宣告了中国 BIM 标准制定工作的正式启动。2015 年 6 月，《关于推进建筑信息模型应用的指导意见》明确指出：到 2020 年年末，建筑行业甲级勘察、设计单位以及特级、一级房屋建筑工程施工企业应掌握并实现 BIM 与企业管理系统和其他信息技术的一体化集成应用。到 2020 年年末，在新立项项目勘察设计、施工、运营维护中，集成应用 BIM 的项目比率达到 90%。

2016 年 8 月，《2016—2020 年建筑业信息化发展纲要》再一次明确指出：勘察设计类企业加快 BIM 普及应用，实现勘察设计技术升级；普及应用 BIM 设计方案的性能和功能模拟分析、优化、绘图、审查，以及成果交付和可视化沟通，提高设计质量；推广基于 BIM 的协同设计，开展多专业间的数据共享和协同，优化设计流程，提高设计质量和效率；研究开发基于 BIM 的集成设计系统及协同工作系统，实现建筑、结构、水暖电等专业的信息集成与共享；施工类企业应研究 BIM 应用条件下的施工管理模式和协同工作机制，建立基于 BIM 的项目管理信息系统。

2017 年 4 月，《建筑业发展"十三五"规划》明确指出：加快推进建筑信息模型（BIM）技术在规划、工程勘察设计、施工和运营维护全过程的集成应用，支持基于具有自主知识产权三维图形平台的国产 BIM 软件的研发和推广使用。

近几年来，由于国外建筑市场的冲击以及国家政策的推动，国内产业界的许多大型企业为了提高国际竞争力，都在积极探索使用 BIM，某些建设项目招标时将对 BIM 的要求写入招标合同，BIM 逐渐成为企业参与项目的一道门槛。目前，一些大中型设计企业已经组建了自己的团队，并不断积累实践经验。施工企业虽然起步较晚，但也一直在摸索中前进，并取得了一定的成果。

BIM 技术将在我国建筑业信息化道路上发挥举足轻重的作用，通过 BIM 应用改变我国造价管理失控的现状，增强企业与同行业之间的竞争力，实现我国建筑行业乃至经济的可持续发展势在必行。BIM 技术不仅带来了现有技术的进步和更新换代，实现了建筑业跨越式发展，也间接影响了生产组织模式和管理方式，并将更长远地影响人们的思维方式。

第 2 节　建筑信息模型应用的相关软硬件及技术

一、BIM 的应用软件

BIM 的出现标志着使用一个软件的时代即将过去。AutoCAD 之所以被称为 "甩图板"，就是因为所有的工作都可以在一个软件里面完成，最后呈现的就是图样。而 BIM 不同，它是由核心建模软件（BIM Authoring Software）和其他基于此的建模软件组成的，这些软件的关系如图 2-2-1 所示。

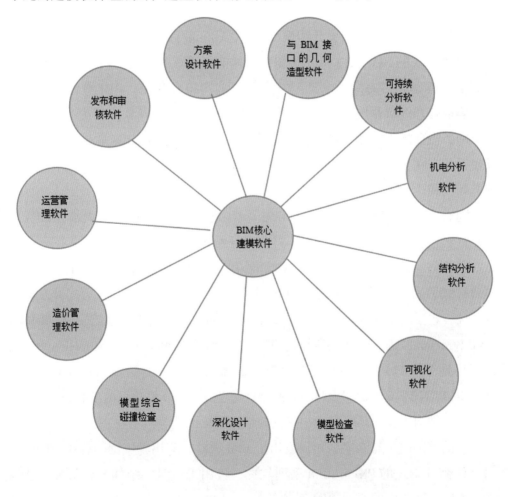

图 2-2-1　BIM 核心建模软件

在 BIM 高速发展的时代，Revit 系列软件受到全世界的关注。在我国，Revit 是接受度高、使用量大的 BIM 建模软件。Revit 是集建筑设计、结构设计、MEP（Mechanical，Electrical，Plumbing，机械、电气、管道）于一身的 BIM 建模软件（2013 版本以后将建筑、结构和 MEP 合并在了一起）。

BIM 建模软件可以通过共同支持的导出文件在全球范围内通用，但是目前将国外的造价软件直接拿到国内来使用是行不通的。国内的软件公司如鲁班、斯维尔等具有本土优势，它们都有自己的三维建模、算量造价软件，虽然号称是三维算量，支持三维查看，但是这些软件都是基于 CAD 平台工作的。随着 BIM 技术的发展和深入研究，也为了与国际接轨，国内的软件公司也都开始接纳由 Revit 导出的文件、国际通用的 IFC 文件及其他常用建模软件生成的文件格式。

目前，在国家政策的引导和推动下，国内的软件公司都十分注重研发具有自主知识产权的 BIM 软件和进行 BIM 人才的培养。2015 年发布的《关于推进建筑信息模型应用的指导意见》中提到：到 2020 年年末，BIM 得到一定的普及，争取打开全行业使用 BIM 的局面。只靠软件公司研发软件是达不到这样的要求的，需要施工企业、设计单位、勘察单位等都积极将 BIM 软件应用于建设项目，只有在实际应用中总结经验并给予反馈和建议，才能让 BIM 在国内更加成熟和完善。

随着 BIM 技术的逐步推广，出现了越来越多的 BIM 软件，大部分 BIM 软件是针对整个项目建设阶段的某一过程而开发的。

国外一些比较知名的 BIM 软件有：匈牙利 Graphisoft 公司开发的 ArchiCAD，主要用于设计阶段的建模以及能源分析；美国 Bentley 公司开发的系列软件，包括用于建筑设计阶段的 Bentley Architecture，用于结构分析的 Bentley RAM Structural System，用于项目管理、施工计划的 Bentley Construction，以及用于场地分析的 Bentley Map 等；美国 Autodesk 公司开发的施工管理软件 BIM 360 Field、Navisworks 系列、Revit 系列；芬兰 Tekla 公司开发的 Tekla 软件，主要用于钢结构工程和预制混凝土工程的结构深化设计等。

目前，国内也有众多公司研发出了 BIM 软件，应用较广泛的有：中国建筑科学研究院研发的 PKPM-BIM 系列软件，可用于建筑、结构、设备及节能设计；必易建科开发的必易 BIM 系列软件，以 Revit 为平台，进行建筑、结构及设备等方面的设计；北京理正开发的理正系列软件，用于设备设计、结构分析等；鲁班软件开发的鲁班算量系列，用于自动统计工程量；斯维尔公司的斯维尔系列软件，涵盖了建筑、结构、节能设计以及工程量统计等功能；类似的还有天正公司推出的天正软件系列。

始建于 1982 年的 Autodesk 公司是世界领先的设计软件和数字内容创建公司，其产品广泛地用于建筑设计、土地资源开发、生产、公用设施、通信、媒体和娱乐。其与 BIM 技术相关的产品主要包括 Revit、Civil 3D 等。

1.Revit

Revit 是当前 BIM 在建筑设计行业的领导者。Autodesk Revit 借助 AutoCAD 的天然优势，在市场上获得了一定的发展。Revit 系列软件包括 Revit Architecture、Revit Structure、Revit MEP、Revit OneBox 以及 Revit LT 等，分别为建筑、结构、设备（水、暖、电）等不同专业提供 BIM 解决方案。Revit 作为一个独立的软件平台，使用了不同于 AutoCAD 的代码库及文件结构，在民用建筑市场有明显的优势。

Revit 作为 BIM 工具，易于学习和使用，并且用户界面友好；Revit 支持建立参数化对象、定义参数，从而可以对长度、角度等进行约束；Revit 具有强大的对象库，约有 7 万种产品的信息储存在 Autodesk 官方网站，这些产品信息的文件格式多种多样，主要有 RVA、DWG、DWF、DGN、GSMKP 及 TXT，便于项目各参与方多用户操作。

Revit 作为 BIM 平台，可以实现相关应用程序之间的数据交换，主要是通过 AP 或 IFC、DWF 等中间格式；Revit 还可以链接 AutoCAD、Civil 3D 等软件进行场地分析，链接 Navisworks 软件用于碰撞检查和 4D 模拟等；Revit 支持的文件格式很多，包括 DWG、DGN、DXF、DWF/DWFX、ADSK、gbXML、HTML、IFC 等。综上所述，Revit 的优点主要有：易于上手，用户界面友好直观；作为一个设计软件，其功能强大，出图方便，能满足用户在方案设计阶段对模型创建的各种要求；有大量软件自带的以及第三方开发的对象库；支持大量的 BIM 软件，可以链接到多个 BIM 工具；支持项目中的各个参与方协同工作等。然而，Revit 仍然存在一些缺陷，如当模型的大小超过 300 MB 时，Revit 的运行速度就会大大减慢，这是因为 Revit 采用的是基于内存的系统，模型文件的数据一般保存在内存中。

2.Civil 3D

Civil 3D 是根据相关专业需要进行专门定制的土木工程道路与土石方解决 BIM 建模软件，可以加快设计理念的实现过程。它的三维动态工程模型有助于快速完成道路工程、场地、雨水污水排放系统以及场地规划设计，所有曲面、横断面、纵断面、标注等均以动态方式链接，可更快、更轻松地评估多种设计方案，作出更明智的决策并生成最新的图样。

3.Bentley

Bentley 软件公司是全球最大的 BIM 软件制造商和方案提供商之一，长期致力于为全球建筑师、工程师、施工人员及业主、运营商提供促进基础设施可持续发展的综合软件解决方案，软件产品涵盖土木建筑、交通等行业，已广泛应用于国内外大型建设项目中。Bentley 软件公司 BIM 建模相关软件包括以下内容。

（1）Bentley Architecture。该软件具有面向对象的参数化创建工具，能实现智能的对象关联、参数化门窗、洁具等，能够实现二维图样与三维模型的智能联动，主要用于建立各类三维构筑物的全信息模型，应用于建筑专业建模。

（2）Bentley Structural。该软件适用于各类混凝土结构、钢结构等信息结构模型的创建。其构建的结构模型可以连接结构应力分析软件，进行结构安全性分析计算。从结构模型中可以提取可编辑的平、立面模板图，并能自动标注杆件截面信息。主要用于建立各类三维构筑物的模型，应用于结构专业建模。

（3）Bentley Building Mechanical Systems。该软件能够快速实现三维通风及给排水管道的布置设计、材料统计以及平、立、截面图自动生成等功能，实现二维、三维联动，主要用于创建通风空调管道及设备布置设计，应用于通风、空调和给排水专业建模。

（4）Bentley Building Electrical Systems。该软件是基于三维设计技术和智能化的建模系统，可以快速完成平面图布置、系统图自动生成，能够生成各种工程报表，完成电气设计的相关工作。结合 BIM 完成协同设计和工程施工模拟进度，满足了建筑行业对三维设计日益提高的需求，可应用于建筑电气专业建模。

（5）MicroStation。该软件是集二维制图、三维建模于一体的图形平台，具有照片级的渲染功能和专业级的动画制作功能，是所有 Bentley 三维专业设计软件的基础平台，可应用于所有专业建模。

综上所述，Bentley 的优点有：B 样条曲线可以用于创建复杂曲面；模工具几乎涵盖了工程建设的各个行业；有多种模块，支持自定义参数化对象，也可以创建复杂的参数组件；支持多平台功能，有良好的扩展性。但是，Bentley 只集成了部分应用，用户界面不能完全一致，数据也不能完全统一，用户需要花费更多的时间去掌握，同时也降低了这些程序的应用价值，使不同功能的系统只能单独应用；而且 Bentley 对象库中的对象相比 Revit 来说，其种类和数量都有限。

4.Dassault Systemes

公司总部位于法国巴黎，提供 3D 体验平台，应用涵盖 3D 建模、社交和协作、信息智能和仿真等，产品包括 Solid Works、CATIA、SIMULIA、DEL-MIA、ENOVIA、3DEXCITE、3DVIA、NETBIVES、GEOVIA、BIOVIA、EXALEAD。其中 BIM 建模相关软件包括以下内容。

（1）Digital Project。该软件是以 Dassault Systemes CATIA 为核心的管理工具，能处理大量建筑工程相关数据，具备施工管理架构，可以处理大量复杂的几何图形；具有大规模数据库管理能力，可以使建筑设计过程拥有良好的沟通性；智能化的参数群组，可以撷取各细部的局部设计，并自动生成图形优化报告；无限的扩展性，适用于都市设计、导航与冲突检查。此外还具有强大的 API 功能，供用户开发附加功能，自行设定控管，可以便利与准确地和其他软件进行交互。Digital Project 的特色在于具有强大且完整的参数化对象能力，并且能够直接将大型且复杂的模型对象直接加以整合以进行控制与运作。

Digital Project 的优点在于：可创建复杂的大型项目，支持全局参数化定制；多个工具模块集成了丰富的工具集；拥有强大的三维参数化建模能力，可以进行深化设计。

Digital Project 的缺陷是界面复杂，学习起来比较困难，入门学习难度大；而且内嵌的建筑基本对象种类有限，出图能力相比 Revit 存在不足。

（2）CATIA。该软件作为 PLM 协同解决方案的一个重要组成部分，它可以帮助制造厂商设计未来的产品，并支持从项目前阶段、具体的设计、分析、模拟、组装到维护在内的全部工业设计流程，其强大的曲面设计模块被广泛地应用于异形建筑的 BIM 模型创建中。

5. 其他软件

（1）Vectorworks 软件。Nemetschek Vectorworks 公司自 1985 年起便一直专

注于软件开发，其研发的 Vectorworks 软件产品系列为 AEC、娱乐及景观设计领域的 45 万余名设计师提供了专业设计解决方案。Nemetschek Vectorworks 始终致力于开发使用灵活、多用途、直观且价位合理的计算机辅助设计（CAD）和建筑信息模型（BIM）解决方案。公司在三维设计技术领域始终处在全球领先地位。

（2）ArchiCAD 软件。ArchiCAD 是由 Graphisoft 公司开发的专门针对建筑专业的三维建筑设计软件。该软件基于全三维的模型设计，拥有强大的剖立面、设计图档、参数计算等自动生成功能，以及便捷的方案演示和图形渲染，为建筑师提供了一个无与伦比的"所见即所得"的图形设计工具。ArchiCAD 内置的 PlotMaker 图档编辑软件使出图过程与图档管理的自动化水平大幅度提高，而智能化的工具也保证了每个细微的修改在整个图册中相关图档的自动更新，大大节省了传统设计软件大量的绘图与图样编辑时间，使建筑师能够有更多的时间和精力专注于设计本身，从而创造出更多激动人心的精品设计。

ArchiCAD 主要有以下优点：易于学习、使用，用户界面良好；支持服务器功能，可以有效地促进参与方直接协同工作；有丰富的对象库，可应用于项目的各个阶段。但是 ArchiCAD 不能用于细部构造，对于自定义的参数化建模功能仍然有局限性；同 Revit 一样，ArchiCAD 也是基于内存的系统，尽管可以使用 BIMServer 技术提高项目的管理效率，但是仍然存在许多问题。

（3）Vectorworks 软件。Vectorworks 是欧美及日本等工业发达国家设计师的首选工具软件，它以设计为本，提供二维及三维建模功能，其三维导览模组以即时预览的方式直接在工作视窗中呈现旋转式各种透视角度。Vectorworks 提供了许多精简且强大的建筑及产品工业设计所需的工具模组，在建筑设计、景观设计、舞台及灯光设计、机械设计及渲染等方面拥有专业化性能。利用它可以设计、显现及制作针对各种大小项目的详细计划。该软件使用界面非常接近向量图绘图软件工具，但其可运用的范围更广泛，可以应用在苹果公司和微软公司的相关平台中。

（4）Autodesk Navisworks 软件。Autodesk Navisworks 能够将 AutoCAD 和 Revit 系列等应用创建的设计数据与来自其他设计工具的几何图形和信息相结合，将其作为整体的三维项目，通过多种文件格式进行实时审阅，而无须考虑文件的大小。Autodesk Navisworks 软件产品可以帮助所有相关方将项目作为一个整体来看待，从而优化设计决策、建筑实施、性能预测和规划，直至设施管理和运营等各个环节。其主要功能包括：实现实时的可视化，支持漫游并探索复杂的三维模型以及其中包含的所有项目信息；对三维项目模型中潜在的冲突进行有效的辨别、检查与报告。

（5）iTWO 软件。由德国 RIB 建筑软件有限公司开发的 iTWO 可以说是全球第一个数字与建筑模型系统整合的建筑管理软件。它将传统建筑规划和先进的 5D 规划理念融为一体，其构架别具一格，在软件中集成了算量模块、进度管理模块、造价管理模块等（这就是传说中的"超级软件"），能将设计阶段的模型无损地转移到施工管理阶段，实现包括三维模型算量、三维模型计价、动态分包招标评标、三维模型施工计划等在内的项目管理功能，兼容通用国际项目管理软件，包括 SAP 企业资源管理解决方案、Revit Architecture 软件以及 Primavera 软件。

（6）Fuzor 软件。Fuzor 是由美国 Kalloc Studios 公司打造的一款虚拟现实级的 BIM 软件平台，为建筑工程行业引入多人游戏引擎技术开了先河，拥有独家双向实时无缝链接专利。

Fuzor 可作为 Revit 上的一个 VR 插件，但它的功能却远远不止这么简单，其具备同类软件无法比拟的体验功能。它不仅仅提供实时的虚拟现实场景，还能让 BIM 模型数据在瞬间变成和游戏场景一样的亲和度极高的模型；最重要的是它保留了完整的 BIM 信息，并且所有参与者都可以通过网络连接到模型中，在这个虚拟场景中进行协同交流，让所有用户体验一把"在玩游戏中做 BIM"的感受，使工作变得轻松有趣。

（7）Lumion 软件。Lumion 是一款建筑师常用的可视化软件，其可以快速地把三维计算机辅助设计做成视频、图片以及在线 360° 演示，并通过添加环境、灯光、物体、树叶和引人注目的效果提高三维模型的展示效果；同时，直接在个人电脑上创建虚拟场景，通过渲染可以在短短几秒钟内就创造出惊人的建筑可视化效果。

（8）Twinmotion 软件。Twinmotion 是一款致力于建筑、城市规划和景观可视化的专业 3D 实时渲染软件。它非常方便灵活，能够完全集成到工作流程中。Twinmotion 作为一款解决方案，可应用于设计、可视化和建筑交流等领域。在 Twinmotion 中可以实时地控制风、雨、云等天气的效果，也可以同样快速地添加树木、覆盖植被，添加人物和车辆动态效果。

（9）Autodesk Ecotect Analysis 软件。Autodesk Ecotect Analysis 是一款功能全面，适用于从概念设计到详细设计环节的可持续设计及分析工具，其中包含应用广泛的仿真和分析功能，能够提高现有建筑和新建筑设计的性能。该软件将在线能效、水耗及碳排放分析功能与桌面工具集于一体，能够可视化及仿真真实环境中的建筑性能。用户可以利用强大的三维表现功能进行交互式分析，模拟日照、阴影、发射和采光等因素对环境的影响。

（10）Bentley STAAD.ProV8i 软件。Bentley STAAD.ProV8i 是结构工程从业人员的最佳选择，可通过灵活的建模环境、高级的设计功能和流畅的数据协同进行涵洞、石化工厂、隧道、桥梁、桥墩等几乎任何设施的钢结构、混凝土结构、木结构、铝结构和冷弯型钢结构设计。灵活的建模可通过该软件一流的图形环境来实现，同时该软件支持 7 种语言及 70 多种国际设计规范和 20 多种美国设计规范，包括一系列先进的结构分析和设计功能。

（11）Autodesk Robot Structural Analysis 软件。Autodesk Robot Structural Analysis 是一个基于有限元理论的结构分析软件，其开发者 Robobat 公司是全球最主要的建筑结构分析和设计软件开发商之一。该软件专门为 BIM 设计，能够通过强大的有限元网格自动划分、非线性计算以及一套全面的设计规范计算复杂的模型，从而将得出结果所需时间由几小时缩短为几分钟。同时，通过与 Autodesk 配套产品建立三维的双向连接，能够提供无链、协调的工作流程和操作性。此外，该软件开放的 API（应用程序接口）提供了一种可扩展针对特定国家 / 地区的分析解决方案，该方案能够处理类型广泛的结构，包括建筑物、桥梁、土木以及其他专业结构。

（12）ETABS 软件。ETABS 是由 CSI 公司开发研制的房屋建筑结构分析与设计软件。ETABS 已有近十年的发展历史，是美国乃至全球公认的高层结构计算程序，在世界范围内广泛应用，是房屋建筑结构分析与设计软件的业界标准。该软件除一般高层结构计算功能外，还可进行钢结构、钩、顶、弹簧、结构阻尼运动、斜板、变截面梁等特殊构件和结构非线性计算（Pushover、Buckling、施工顺序加载等），甚至可以计算结构基础隔振问题，其功能非常强大。

（13）PKPM 软件。PKPM 是中国建筑科学研究院建筑工程软件研究所研发的工程管理软件。中国建筑科学研究院建筑工程软件研究所是我国建筑行业计算机技术开发应用最早的单位之一，它以国家级行业研发中心、规范主编单位、工程质检中心为依托，技术力量雄厚，主要研发领域集中在建筑设计 CAD 软件、绿色建筑和节能设计软件、工程造价分析软件，以及施工技术和施工项目管理系统，图形支撑平台，企业和项目信息化管理系统等方面。PKPM 是一个系列，除了集建筑、结构、设备（给排水、采暖、通风空调、电气）设计于一体的集成化 CAD 系统以外，目前 PKPM 还有建筑概预算系列软件（钢筋计算、工程量计算、工程计价）、施工系列软件（投标系列、安全计算系列、施工技术系列）和施工企业信息化系统（全国很多特级资质的企业都在用 PKPM 的信息化系统）。

二、BIM 技术应用硬件配置

BIM 系列软件对硬件（计算机）配置要求较高，随着信息技术的快速发展，硬件配置也将适时更新。

BIM 技术的应用目标、应用点及软件配置不同，硬件的配置要求也有所不同。现根据工作内容的不同，将硬件配置分为学习用机配置、常规用机配置、大型项目用机配置。

1. 学习用机配置

适用于单体简单模型建模，简单地形和地质模型测绘处理，轻量化模型和加载信息的浏览，以及大部分软件的学习。配置参考清单见表 2-2-1。

表 2-2-1　　　　　　　学习型用机配置参考清单

序号	类型	配置
参考 1	商务笔记本电脑	i7 处理器 内存 8 GB 及以上 128 GB 固态硬盘 +1 TB 机械硬盘 2 GB 及以上独立显卡 全高清显示屏
参考 2	商务笔记本电脑	i7 处理器 内存 8 GB 及以上 1 TB 机械硬盘 2 GB 及以上独立显卡 全高清显示屏

续表

序号	类型	配置
参考 3	商务笔记本电脑	i5 处理器 内存 8 GB 及以上 128 GB 固态硬盘 +1 TB 机械硬盘 2 GB 及以上独立显卡 全高清显示屏

注：应注意 CPU（中央处理器）应为双核及以上处理器，内存在 8 GB 及以上，Autodesk 建议使用独立显卡，具有 2 GB 及以上图形内存。

2. 常规用机配置

适用于各专业较复杂模型建模，较复杂地形和地质模型测绘处理，BIM 技术应用、BIM 质量应用、BIM 安全应用、BIM 进度应用、BIM 成本应用，以及 720 P 视频制作。常规用机的移动图形工作站配置参考清单见表 2-2-2；台式图形工作站配置参考清单见表 2-2-3。

表 2-2-2　　　　　　　　移动图形工作站配置参考清单

序号	类型	配置
参考 1	15.6 英寸移动图形工作站	i7 处理器 8 GB 内存 256 GB 固态硬盘 +1 TB 机械硬盘 2 GB 独立显卡 15.6 英寸全高清宽视角发光二极管（Light Emitting Diode，LED）显示屏
参考 2	15.6 英寸移动图形工作站	i7 处理器 2×8 GB 内存 256 GB 固态硬盘 +1 TB 机械硬盘 4 GB 独立显卡 15.6 英寸全高清宽视角 LED 显示屏
参考 3	15.6 英寸移动图形工作站	i7 处理器 8 GB 内存 256 GB 固态硬盘 +1 TB 机械硬盘 2 GB 独立显卡 15.6 英寸全高清宽视角 LED 显示屏

表 2-2-3　　　　　　　台式图形工作站配置参考清单

序号	名称	配置	数量
1	CPU	i7 4770K	1
2	主板	与其他配置匹配（注意：支持最大内存）	1
3	内存	8 GB及以上	2
4	硬盘	固态硬盘＋机械硬盘	1
5	显示器	27英寸	1
6	显卡	独立显卡	1
7	机箱	无要求	1
8	电源	额定500 W	1
9	其他	键盘、鼠标、散热器、光驱、声卡	1

注：以上配置为组装机型，台式图形工作站采购时一般不附带液晶显示器，需另购，建议配置两台全高清 LED 显示器。

3. 大型项目用机配置

（1）适用于各专业复杂建模、复杂地形和地质模型测绘处理、各专业协同、各专业模型整合、模型与定额量价关联、1 080 P 视频制作，见表 2-2-4、表 2-2-5。

表 2-2-4　　　　　　移动图形工作站配置参考清单

序号	类型	配置
参考1	15.6英寸图形移动工作站	四核处理器 内存大于16 GB 256 GB固态硬盘+1 TB机械硬盘 2 GB独立显卡 15.6英寸宽视角LED显示屏

序号	类型	配置
参考2	15.6英寸图形移动工作站	i7处理器 内存大于16 GB 512 GB固态硬盘 4 GB独立显卡 15.6英寸全高清宽视角LED显示屏
参考3	15.6英寸图形移动工作站	i7处理器 内存大于16 GB 512 GB固态硬盘 2 GB独立显卡 15.6英寸全高清宽视角LED显示屏

表 2-2-5　　　　台式图形工作站配置参考清单

序号	名称	配置	数量
1	CPU	i7 6700	1
2	主板	与其他配置匹配（注意：支持最大内存）	1
3	内存	8 GB	4
4	硬盘	2 TB蓝盘	1
5	固态硬盘	256 GB	1
6	显示器	全高清LED显示屏	1
7	显卡	4 GB独立显卡	1
8	机箱	无要求	1
9	电源	额定550 W	1
10	其他	键盘、鼠标、散热器、光驱、声卡	1

注：以上配置为组装机型，台式图形工作站采购时一般不附带液晶显示器，需另购，建议配置两台全高清 LED 显示器。

（2）适用于大型项目多专业模型整合、大型场地地形和地质模型测绘处理、虚拟建造仿真高清渲染合成、照片级效果图渲染、全高清视频制作，见表 2-2-6。

表 2-2-6　　　　　台式图形工作站配置参考清单

序号	名称	配置	数量
1	CPU	四核或六核处理器	1
2	主板	与其他配置匹配（注意：支持最大内存）	1
3	内存	16 GB	4
4	硬盘	2 TB蓝盘	1
5	固态硬盘	512 GB	1
6	显示器	全高清LED显示器	2
7	显卡	专业图形显卡	1
8	机箱	无要求	1
9	电源	额定600 W	1
10	其他	键盘、鼠标、散热器、光驱、声卡	1

注：以上配置为组装机型，台式图形工作站采购时一般不附带液晶显示器，需另购，建议配置两台及以上全高清 LED 显示器。

三、虚拟现实硬件

虚拟现实硬件指的是与虚拟现实技术领域相关的硬件产品，是虚拟现实解决方案中用到的硬件设备。现阶段虚拟现实中常用到的硬件设备，大致可以分为四类：建模设备，如 3D 扫描仪；三维视觉显示设备，如 3D 展示系统、大型投影系统、头戴式立体显示器等；声音设备，如三维的声音系统以及非传统意义的立体声；交互设备，包括位置追踪仪、数据手套、3D 输入设备、动作捕捉设备、眼动仪、力反馈设备以及其他交互设备。

3D 扫描仪也称为三维立体扫描仪，是融合光、机、电和计算机技术于一体的高新科技产品，主要用于获取物体外表面的三维坐标及物体的三维数字化模型。该设备不但可用于产品的逆向工程、快速原型制造、三维检测（机器视觉测量）等领域，而且随着三维扫描技术的不断深入发展，如三维影视动画、数字化展览馆、服装量身定制、计算机虚拟现实仿真与可视化等越来越多的行业也开始应用三维扫描仪这一便捷的手段来创建实物的数字化模型。通过三维扫描仪非接触扫描实物模型，得到实物表面精确的三维点云（Point Cloud）数据，最终生成实物的数字模型，不仅速度快，而且精度高，几乎可以完美地复制现实世界中的任何物体，以数字化的形式逼真地重现现实世界。

为了实现虚拟显示的沉浸特性，必须具备人体的感官特性，包括视觉、听觉、触觉、味觉、嗅觉等。以下主要叙述视觉显示系统。

VR 是英文 Virtual Reality 的缩写，翻译成中文就是虚拟现实的意思。顾名思义，就是通过技术手段创造出一种逼真的虚拟现实的效果。

1. 虚拟现实头显

虚拟现实头戴式显示器是利用人的左右眼获取信息的差异，引导用户产生身在虚拟环境中的感觉的一种头戴式立体显示器。其原理是左右眼屏幕分别显示左右眼的图像，人眼获取这种带有差异的信息后在脑海中产生立体感。虚拟现实头显作为虚拟现实的显示设备，具有小巧和封闭性强的特点，在军事训练、虚拟驾驶、虚拟城市等项目中具有广泛的应用前景。

2. 双目全方位显示器

双目全方位显示器（BOOM）是一种偶联头部的立体显示设备，是一种特殊的头部显示设备。BOOM 类似于一个望远镜，它把两个独立的阴极射线管（Cathode Ray Tube，CRT）显示器捆绑在一起，由两个相互垂直的机械臂支撑，这不仅让用户可以在半径为 2 m 的球面空间内用手自由操纵显示器的位置，还能将显示器的重量加以巧妙平衡而使之始终保持水平位置，而不受平台运动的影响。在支撑臂上的每个节点处都有位置跟踪器，因此 BOOM 和头盔显示器（Helmet Mounted Display，HMD）一样具有实时的观测和交互能力。

3.CRT 终端—液晶光闸眼镜

CRT 终端—液晶光闸眼镜立体视觉系统的工作原理是：由计算机分别产生左右眼的两幅图像，经过合成处理之后，采用分时交替的方式显示在 CRT 终端上。用户则佩戴一副与计算机相连的液晶光闸眼镜，眼镜片在驱动信号的作用下，将以与图像显示同步的速率交替启和闭，即当计算机显示左眼图像时右眼透镜将被屏蔽，显示右眼图像时左眼透镜被屏蔽。根据双目视差与深度距离呈正比的关系，人的视觉生理系统可以自动地将这两幅视差图像合成为一个立体图像。

4. 大屏幕投影—液晶光闸眼镜

大屏幕投影—液晶光闸眼镜立体视觉系统原理和 CRT 显示一样，只是将分时图像 CRT 终端显示改为大屏幕显示。用于投影的 CRT 终端或者数字投影机要求极高的亮度和分辨率，适合在较大的视野内产生投影图像的应用需求。

5. 洞穴式 VR 显示系统

洞穴式 VR 系统是一种基于投影的环绕屏幕的洞穴自动化虚拟环境（Cave Automatic Virtual Environment，CAVE）。人置身于由计算机生成的世界中，并能在其中来回走动，从不同的角度观察、触摸它，改变它的形状。大屏幕投影系统除了 CAVE 外，还有圆柱形的投影屏幕和由矩形拼接构成的投影屏幕等。

CAVE 投影系统是由三个面以上（含三个面）硬质背投影墙组成的高度沉浸的虚拟演示环境，配合三维跟踪器，用户可以在被投影墙包围的系统近距离接触虚拟三维物体，或者随意漫游"真实"的虚拟环境。CAVE 系统一般应用于高标准的虚拟现实系统。自纽约大学 1994 年建立第一套 CAVE 系统以来，CAVE 已经在全球超过 600 所高校、国家科技中心、研究机构进行了广泛的应用。

CAVE 系统是一种基于多通道视景同步技术和立体显示技术的房间式投影可视协同环境，该系统可提供一个房间大小的最小三面、最大七十面（2004年）的立方体投影显示空间，供多人参与。所有参与者均完全沉浸在一个被立体投影画面包围的高级虚拟的仿真环境中，借助相应虚拟现实交互设备（如数据手套、位置跟踪器等），获得一种身临其境的高分辨率三维立体视听影像和六自由度交互感受。由于投影面几乎能够覆盖用户的所有视野，所以系统能提供给使用者一种前所未有的带有震撼性的身临其境的沉浸感受。

6. 智能眼镜

智能眼镜是一个非常有创意的产品，它可以直接解放人的双手，让人不需要用手一直拿着设备，也无须用手连续点击屏幕输入。智能眼镜配合自然交互界面，相当于手持终端的图像接口，不需要点击，只需使用人的本能行为，如摇头晃脑、讲话、转眼等，就可以和智能眼镜进行交互。因此，这种方式提高了用户体验，操作起来更加自然随心。

（1）三维立体声。三维声音不是立体声的概念，而是由计算机生成的、能由人工设定声源在空间中的三维位置的一种合成声音。这种声音技术不仅考虑到人的头部、躯干对声音反射所产生的影响，还对人的头部进行实时跟踪，使虚拟声音能随着人的头部运动相应地变化，从而得到逼真的三维听觉效果。

（2）语音识别。VR 的语音识别系统让计算机具备人类的听觉功能，使人—机以语言这种人类最自然的方式进行信息交换。必须根据人类的发声机理和听觉机制，给计算机配上"发声器官"和"听觉神经"。当参与者对微音器说话时，计算机将所说的话转换为命令流，就像从键盘输入命令一样。在 VR 系统中，最有力也是最难完成的就是语音识别。

VR 系统中的语音识别装置，主要用于合并其他参与者的感觉道（听觉道、视觉道）。语音识别系统在大量数据输入时可以进行处理和调节，像人类在工作负担很重的时候将暂时关闭听觉道一样。不过在这种情况下，将影响语音识别技术的正常使用。

7. 数据手套

数据手套是虚拟仿真技术中最常用的交互工具。数据手套设有弯曲传感器，弯曲传感器由柔性电路板、力敏元件、弹性封装材料组成，通过导线连接至信号处理电路。在柔性电路板上设有至少两根导线，以力敏材料包覆于柔性电路板大部，再在力敏材料上包覆一层弹性封装材料，柔性电路板留一端在外，以导线与外电路连接。把人手姿态准确实时地传递给虚拟环境，而且能够将与虚拟物体的接触信息反馈给操作者，使操作者以更加直接、自然、有效的方式与虚拟世界进行交互，大大增强了互动性和沉浸感。数据手套为操作者提供了一种通用、直接的人机交互方式，特别适用于需要多自由度手模型对虚拟物体进行复杂操作的虚拟现实系统。数据手套本身不提供与空间位置相关的信息，必须与位置跟踪设备联用。

8. 力矩球

力矩球（空间球，Space Ball）是一种可提供六自由度的外部输入设备，安装在一个小型的固定平台上。六自由度是指宽度、高度、深度、俯仰角、转动角和偏转角，可以扭转、挤压、拉伸以及摇摆，用来控制虚拟场景做自由漫游，或者控制场景中某个物体的空间位置及其方向。力矩球通常使用发光二极管来测量力。它通过装在球中心的几个张力器测量出手所施加的力，并将其测量值转化为三个平移运动和三个旋转运动的值送入计算机中，计算机根据这些值来改变其输出显示。力矩球在选取对象时不是很直观，一般与数据手套、立体眼镜配合使用。

9. 操纵杆

操纵杆是一种可以提供前后、左右、上下六个自由度及手指按钮的外部输入设备，适合对虚拟飞行等的操作。由于操纵杆采用全数字化设计，所以其精度非常高，无论操作速度多快，它都能快速做出反应。

操纵杆的优点是操作灵活方便、真实感强，相对于其他设备来说价格低廉；缺点是只能用于特殊的环境，如虚拟飞行。

10. 触觉反馈装置

在 VR 系统中如果没有触觉反馈，当用户接触到虚拟世界的某一物体时易使手穿过物体，从而失去真实感。解决这种问题的有效方法是在用户交互设备中增加触觉反馈。触觉反馈主要是基于视觉、气压感、振动触感、电子触感和神经肌肉模拟等方法来实现的。向皮肤反馈可变点脉冲的电子触感反馈和直接刺激皮层的神经肌肉模拟反馈都不太安全，相对而言，气压式和振动触感是较为安全的触觉反馈方法。

（1）气压式触摸反馈。气压式触摸反馈采用小空气袋作为传感装置。它由双层手套组成，其中一个输入手套用来测量力，有 20 ~ 30 个力敏元件分布在手套的不同位置，当使用者在 VR 系统中产生虚拟接触的时候，可检测出手的各个部位的受力情况。另一个输出手套用来再现所检测的压力，手套上也有 20 ~ 30 个空气袋装在对应的位置，这些小空气袋由空气压缩泵控制其气压，并由计算机对气压值进行调整，从而实现虚拟手物碰触时的触觉感受和受力情况。该方法实现的触觉虽然不是非常逼真，但是已经有了较好的效果。

（2）振动反馈。振动反馈是用声音线圈作为振动换能装置以产生振动。简单的换能装置如同一个未安装喇叭的声音线圈，复杂的换能器是利用状态记忆合金支撑。当电流通过这些换能装置时就会发生形变和弯曲。可根据需要把换能器做成各种形状，将其安装在皮肤表面的各个位置上，这样就能产生对虚拟物体的光滑度、粗糙度的感知。

11. 力觉反馈装置

力觉和触觉实际上是两种不同的感知。触觉包括的感知内容更加丰富，如接触感、质感、纹理感以及温度感等。力觉感知设备要求能反馈力的大小和方向。与触觉反馈装置相比，力觉反馈装置相对成熟一些。目前市场上的力反馈装置有力量反馈臂、力量反馈操纵杆、笔式六自由度游戏棒等，其主要原理是由计算机通过力反馈系统对用户的手、腕、臂等运动产生阻力从而使其感受到作用力的方向和大小。

由于人对力觉感知非常敏感，一般精度的装置根本无法满足要求，而研制高精度力反馈装置又相当昂贵，这是人们面临的难题之一。

12. 运动捕捉系统

在 VR 系统中，为了实现人与 VR 系统的交互，必须确定参与者的头部、手、身体等运动的方向，准确地跟踪测量参与者的动作，将这些动作实时监测出来，以便将这些数据反馈给显示和控制系统。这些工作对 VR 系统是必不可少的，同时也是运动捕捉技术的研究内容。

到目前为止，常用的运动捕捉技术从原理上可分为机械式、声学式、电磁式和光学式。同时，不依赖于传感器而直接识别人体特征的运动捕捉技术也将很快得到应用。

从技术角度来看，运动捕捉就是要测量、跟踪、记录物体在三维空间中的运动轨迹。

（1）机械式运动捕捉。机械式运动捕捉是依靠机械装置来跟踪和测量运动轨迹。典型的系统由多个关节和刚性连杆组成。在可转动的关节中装有角度传感器，可以测得关节转动角度的变化情况。装置运动时，根据角度传感器所测得的角度变化和连杆的刚度，可以得出杆件末端点在空间中的位置和运动轨迹。实际上，装置上任何一点的轨迹都可以求出。刚性连杆也可以换成长度可变的伸缩杆。

机械式运动捕捉的一种应用形式是将欲捕捉的运动物体与机械结构相连，物体运动带动机械装置，从而被传感器记录下来。这种方法的优点是成本低、精度高，可以做到实时测量，还可以允许多个角色同时表演，但是使用起来非常不方便，机械结构对表演者动作的阻碍和限制很大。

（2）声学运动捕捉。常用的声学捕捉设备由发送器、接收器和处理单元组成。发送器是一个固定的超声波发送器，接收器一般由呈三角形排列的三个超声波探头组成。通过测量声波从发送器到接收器的时间或者相位差，系统可以确定接收器的位置和方向。

这类装置的成本较低，但对运动的捕捉有较大的延迟和滞后性，实时性较差，精度一般不是很高，且声源和接收器之间不能有大的遮挡物，受噪声影响和多次反射等干扰较大。由于空气中声波的速度与大气压、湿度、温度有关，所以必须在算法中作出相应的补偿。

（3）电磁式运动捕捉。电磁式运动捕捉装置是比较常用的运动捕捉设备，一般由发射源、接收传感器和数据处理单元组成。发射源在空间中形成按照一定时空规律分布的电磁场；接收传感器安置在表演者沿着身体的相关位置，随着表演者在电磁场中运动，通过电缆或者无线方式与数据处理单元相连。

这种运动捕捉设备对环境的要求比较严格，在使用场地附近不能有金属物品，否则会干扰电磁场，影响精度。系统的允许范围比光学式要小，特别是电缆对使用者的活动限制比较大，对于比较剧烈的运动则不适用。

（4）光学式运动捕捉。光学式运动捕捉是通过对目标上特定光点的监视和跟踪来完成运动捕捉任务的。目前常见的光学式运动捕捉大多数居于计算机视觉原理。从理论上说，对于空间中的一个点，只要它能同时被两个相机拍摄到，则根据同一时刻两个相机所拍摄的图像和相机参数，确定这一时刻该点在空间中的位置。当相机以足够高的速率连续拍摄时，从图像序列中就可以得到该点的运动轨迹。

这种方法的缺点是价格昂贵，虽然可以实时捕捉运动，但后期处理的工作量非常大，对于表演场的光照、反射情况有一定的要求，装置定标也比较烦琐。

（5）数据衣。在 VR 系统中比较常用的运动捕捉装备是数据衣。数据衣是为了让 VR 系统识别全身运动而设计的输入装置，是根据"数据手套"的原理研制出来的。这种衣服装备有许多触觉传感器，这些传感器能够探测和跟踪人体的所有动作。数据衣对人体大约 50 个不同的关节进行测量，包括膝盖、手臂、躯干和脚。通过光电转换，身体的运动信息被计算机识别，而衣服也会反作用在身上产生压力和摩擦力，使人的感觉更加逼真。

和 HMD 数据手套一样，数据衣也有延迟大、分辨率低、作用范围小、使用不便的缺点。另外，数据衣还存在着一个潜在的问题，就是人的体形差异比较大，为了检测全身，不但要检测肢体的伸张状况，还要检测肢体的空间位置和方向，这需要许多空间跟踪器辅助工作。

第 3 节　建筑信息模型应用统一标准

2016 年 12 月，《建筑信息模型统一应用标准》（GB/T 51212—2016）（以下简称《标准》）公布，自 2017 年 7 月 1 日起实施。

《标准》是我国第一部建筑信息模型应用的工程建设标准。该标准详细阐述了相关术语和缩略语、模型结构与拓展及模型的应用，并明确作出相关规定，适用于建设工程全生命期内建筑信息模型的创建、使用和管理。该标准充分考虑了我国国情和工程行业现阶段特点，创新性地提出了我国建筑信息模型（BIM）应用的一种实践方法，成为我国建筑信息模型应用及相关标准研究和编制的依据。

《标准》的具体内容参见附录。

第3章 ③
图样识读与绘制

第1节　识读建筑施工图

一、首页图与总平面图

1. 首页图

在中小型工程中，首页图通常由两部分内容组成：一是图样目录；二是对该工程所作的设计与施工说明。首页图放在全套施工图的首页装订，其中图样目录起到组织编排图样的作用。从图样目录中可看到该工程的施工图是由哪些图样组成及每张图样的图别编号和页数，以便于查阅。首页图中的设计说明内容包括工程的性质、设计的根据和对施工提出的总要求。

2. 总平面图

在地形图上画出拟建工程四周的新建房屋、原有和拆除房屋外轮廓的水平投影及场地、道路、绿化等的布置的图形即为总平面图。

建筑总平面图是表明新建房屋所在基地范围内的总体布置，它反映新建房屋、构筑物的位置和朝向，室外场地、道路、绿化等的布置，地形、地貌、标高，以及与原有环境的关系和邻界情况等。它是新建筑物施工定位及施工总平面设计的重要依据。

总平面图的内容及阅读方法见表 3-1-1。

（1）看图名、比例及有关文字说明。总平面图因包括的地方范围较大，所以绘制时都用较小比例，如 1 ∶ 500、1 ∶ 1 000、1 ∶ 2 000 等。总平面图上的尺寸以米（m）为单位。

表 3-1-1　　　　总平面图的内容及阅读方法

序号	名称	图例	说明
1	新建建筑物		（1）上图为不画入口图例，下图为画入口图例 （2）需要时，可在图形内右上角以点数或者数字（高层宜用数字）表示层数 （3）用粗实线表示

序号	名称	图例	说明
2	原有建筑物	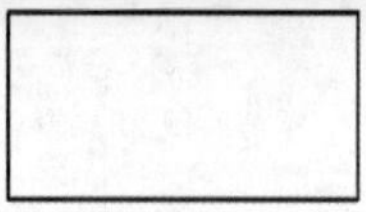	（1）应注明拟利用者 （2）用细线表示
3	计划扩建的预留地或建筑物		用中虚线表示
4	拆除的建筑物	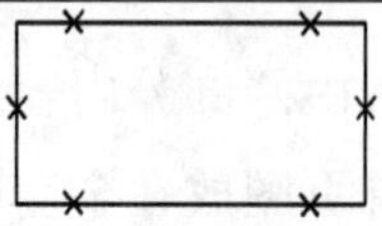	用细实线表示
5	水塔、贮罐		水塔或立式贮罐
6	烟囱	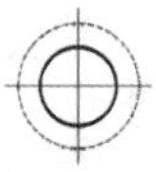	实线为烟囱下部直径，虚线为基础
7	围墙及大门	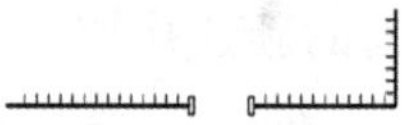	图示为砖石、混凝土或金属材料的围墙
8	散装材料露天堆场		需要时可注明材料名称
9	挡土墙		被挡土在突出的一侧
10	护坡	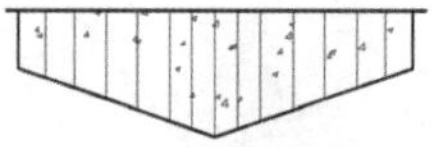	边坡较长时，可在一端或两端局部表示
11	雨水井	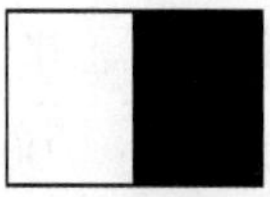	
12	消火栓井		
13	原有道路		
14	计划扩建道路		
15	人行道	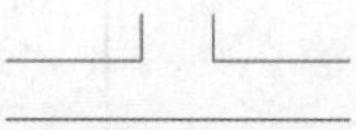	

续表

序号	名称	图例	说明
16	室外标高	 4.00 m ▼	
17	针叶乔木	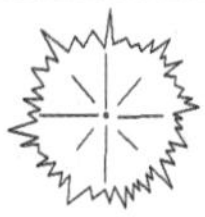	
18	阔叶乔木	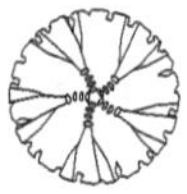	
19	阔叶灌木		
20	草地	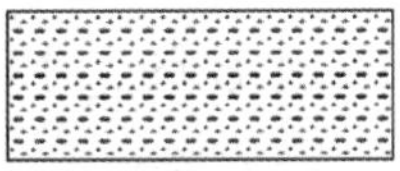	
21	花坛	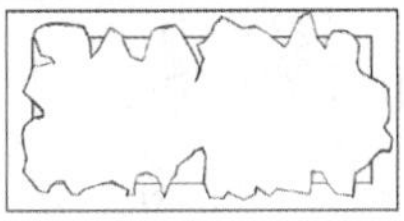	

（2）了解新建工程的性质与总体布置，各建筑物及构筑物的位置、道路、场地和绿化等布置情况，以及各建筑物的层数等。

（3）明确新建工程或扩建工程的具体位置。新建工程或扩建工程通常根据原有房屋或道路来定位，并以米（m）为单位标注出定位尺寸。当新建成片的建筑物和构筑物或较大的建筑物时，往往用坐标来确定每一建筑物及道路转折点等的位置。对地形起伏较大的地区，还应画出地形等高线。

（4）看新建房屋底层室内地面和室外整平地面的绝对标高，可知室内外地面的高差及正负零与绝对标高的关系。总平面图中标高数字以米（m）为单位，一般注至小数点后两位。

（5）看总平面图中的指北针或风向频率玫瑰图（图上箭头指的是北向），可明确新建房屋、构筑物的朝向和该地区的常年风向频率。

（6）需要时，在总平面图上还画有给水、排水、采暖、电气等管网布置图。这种图一般与给水、排水、采暖、电气施工图配合使用。

二、建筑平面图

1. 建筑平面图的概念

建筑平面图是假想用一水平的剖切平面，沿着房屋门窗口的位置，将房屋剖开，拿掉上面的部分，对剖切平面以下部分所作的水平投影图，简称平面图。平面图（除屋顶平面图外）实际上是一个房屋的水平全剖图。

一般地说，房屋有几层，就应画出几个平面图，并在图的下面注明相应的图名，如底层平面图、二层平面图等。如果上下各楼层的房间数量、大小和布置都一样时，则相同的楼层可用一个平面图表示，称为标准层平面图或某层平面图。若建筑平面图左右对称时，亦可将两层平面图画在同一张图上，左边画出一层的平面图，右边画出另一层的平面图，中间画一对称符号作分界线，并在图的下边分别注明图名。

楼房平面图是由多层平面图组成的。在绘制平面图时，除基本内容相同外，房屋中的个别构配件应该画在哪一层平面图上是有分工的。具体来说，底层平面图除表示该层的内部形状外，还画有室外的台阶、花池、散水（或明沟）、雨水管和指北针，以及剖面的剖切符号（如1-2、2-2等），以便与剖面图对照查阅。房屋中间层平面图除表示本层室内形状外，还需要画上本层室外的雨篷、阳台等。

平面图上的线型粗细是分明的。凡是被水平剖切平面剖切到的墙、柱等断面轮廓线用粗实线画出，而粉刷层在1：100的平面图中是不画的。在1：50或比例更大的平面图中，粉刷层则用细实线画出。没有剖切到的可见轮廓线，如窗台、台阶、明沟、花台、梯段等用中实线画出。表示剖面的剖切位置线及剖视方向线均用粗实线绘制。底层平面图中，可以只在墙角或外墙的局部分段画出散水（或明沟）的位置。由于平面图一般采用1：100、1：200和1：50的比例绘制，所以门、窗和设备等均采用国家相关标准规定的图例表示。因此，阅读平面图必须熟记建筑图例。常用建筑制图图例见表3-1-2。

表 3-1-2　　　　　　常用建筑制图图例

序号	名称	图例	说明
1	楼梯	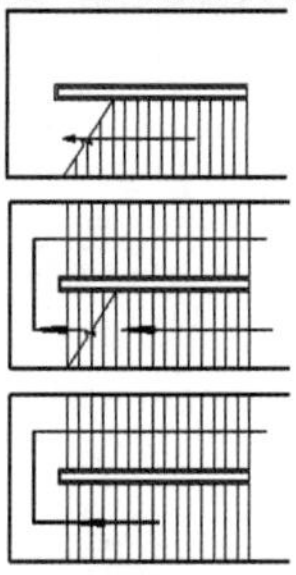	（1）上图为底层楼梯平面，中图为中间层楼梯平面，下图为顶层楼梯平面 （2）楼梯的形式及步数应按实际情况绘制
2	检查孔	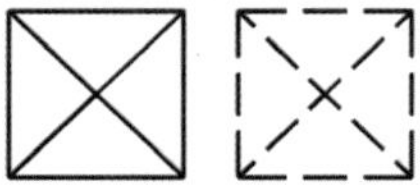	左图为可见检查孔，右图为不可见检查孔
3	墙预留洞	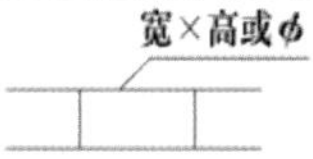 宽×高或φ	
4	烟道	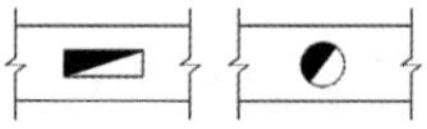	
5	通风道	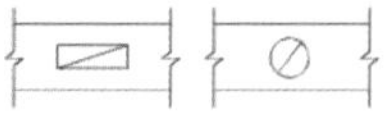	
6	空门洞	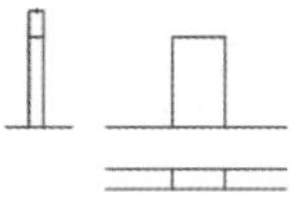	
7	单扇门（包括平开或单面弹簧）	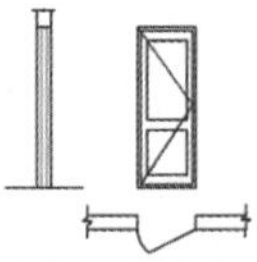	（1）门名称代号用M表示 （2）剖面图中左为外，右为内；平面图中下为外，上为内 （3）立面图上开启方向线交角的一侧为安装合页的一侧，实线为外开，虚线为内开
8	双扇门（包括平开或单面弹簧）	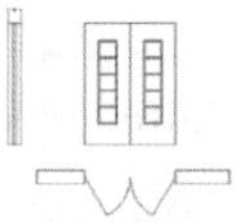	
9	双扇双面地簧门	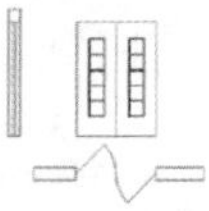	同序号7
10	转门	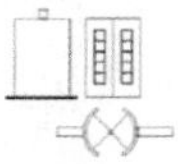	同序号7说明中的（1）、（2）
11	卷门	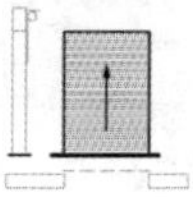	同序号7说明中的（1）、（2）

续表

序号	名称	图例	说明
12	单层外开上悬窗		（1）窗的名称代号用C表示 （2）立面图中的斜线表示窗的开关方向，实线为外开，虚线为内开；开启方向线交角的一侧为安装合页的一侧，一般设计图中可不表示 （3）剖面图中左为外，右为内；平面图中上为外，下为内 （4）平、剖面图上的虚线仅说明开关方式，在设计图中不需要表示 （5）窗的立面形式按照实际情况绘制
13	单层外开平开窗		同序号12
14	单层内开平开窗		同序号12

2. 平面图的内容与阅读方法

（1）看图名、比例，了解该图是哪一层平面图，绘图比例是多少。

（2）看底层平面图中画的指北针，了解房屋的朝向。

（3）看房屋平面外形和内部墙的分隔情况，了解房屋平面形状和房间分布、用途、数量及相互间的联系，如入口、走廊、楼梯和房间的位置等。

（4）在底层平面图上看室外台阶、花池、散水坡（或明沟）及雨水管的大小和位置。

（5）看图中定位轴线的编号及其间距尺寸，从中了解各承重墙（或柱）的位置及房间大小，以便施工时定位放线和查阅图样。

（6）看平面图的尺寸。平面图中的尺寸分为外部尺寸和内部尺寸。从各道尺寸的标注，可知各房间的开间、进深，门窗及室内设备的大小及位置。

一般在建筑平面图上的尺寸（详图例外）均为未装修的结构表面尺寸（如墙厚、门窗口尺寸等）。现将平面图的尺寸标注形式介绍如下。

1）外部尺寸。一般在图形下方及左侧注写三道尺寸。

第一道尺寸表示外轮廓的总尺寸，即指从一端外墙边到另一端外墙边的总长和总宽尺寸。用总尺寸可计算出房屋的占地面积。

第二道尺寸表示轴线间的距离，用以说明房间的开间和进深大小。

第三道尺寸表示门窗洞口、窗间墙及柱等的尺寸。

如果房屋前后或左右不对称时，则平面图上四周都应分别标注三道尺寸，相同的部分不必重复标注。另外，台阶、花池及散水（或明沟）等细部的尺寸可单独标注。

2）内部尺寸。为了表明房间的大小和室内的门窗洞、孔洞、墙厚和固定设备（如厕所、盥洗室、工作台、搁板等）的大小与位置，在平面图中应清楚地注写出有关内部尺寸。

（7）看地面标高。在平面图中清楚地标注着地面标高。楼地面标高是表明各层楼地面对标高零点（即正负零）的相对高度。一般平面图分别标注室内地面标高、室外地面标高、室外台阶标高、卫生间地面标高、楼梯平台标高等。

（8）看门窗的分布及其编号。了解门窗的位置、类型及其数量。图中窗的名称代号用 C 表示，门的名称代号用 M 表示。由于一幢房屋的门窗较多，其规格大小和材料组成又各不相同，所以对各种不同的门窗除用各自的代号表示外，还需分别在代号后面写上编号，如 M-1、M-2 和 C-1、C-2 等。同一编号表示同一类型的门或窗，它们的构造尺寸和材料都一样。从所写的编号可知门窗共有多少种。一般情况下，在首页图上或在本平面图内附有一个门窗表，列出门窗的编号、名称、尺寸、数量及其所选标准图集的编号等内容。至于门窗的详细构造，则要看门窗的构造详图。

（9）在底层平面图上看剖面的剖切符号，了解剖切部位及编号，以便与有关剖面图对照阅读。

（10）查看平面图中的索引符号。当某些构造细部或构件需另画比例较大的详图或引用有关标准图时，则须标注出索引符号，以便与有关详图符号对照查阅。

【实例 3-1-1】某办公楼平面图实例

图 3-1-1 为某办公楼底层平面图，图 3-1-2 和图 3-1-3 为该办公楼二层和三层平面图，图 3-1-4 为屋面布置图。

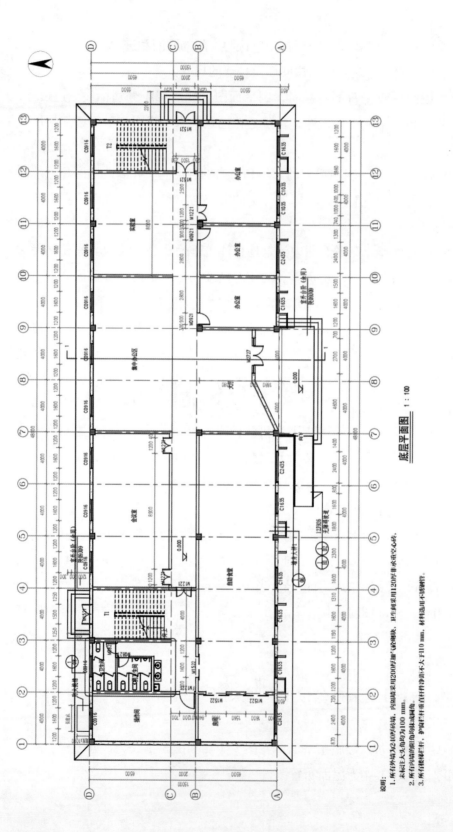

底层平面图 1：100

图 3-1-1 某办公楼底层平面图

说明：
1. 所有外墙均为240厚砖墙，内隔墙采用200厚加气混凝土砌块，卫生间采用120厚承重页岩砖。未标注大头的均为100 mm。
2. 所有内墙的阴阳角均为圆角。
3. 所有建筑楼梯平台、护窗栏杆预留洞孔中心距不大于110 mm，材料选用不锈钢管。

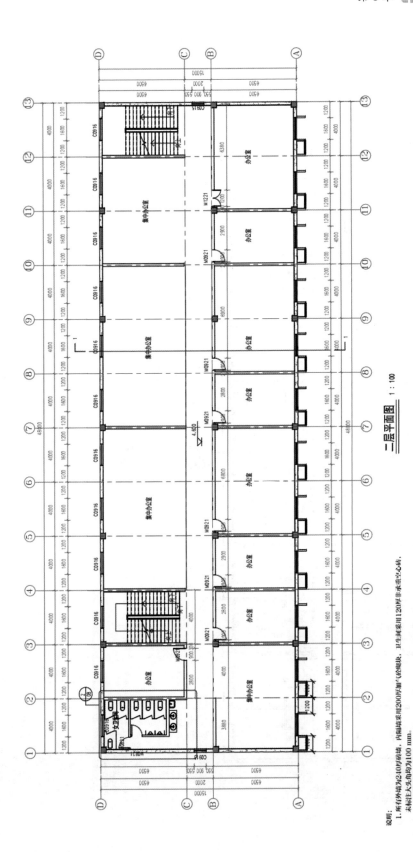

二层平面图　1:100

图 3-1-2　二层平面图

说明:
1. 所有外墙为240厚砖墙, 内隔墙采用200厚加气砼砌块, 卫生间采用120厚非承重空心砖。未标注大头的均为100 mm。
2. 所有内墙的阳角均抹护角。
3. 所有铝塑平开门、护窗栏杆通长栏杆竖向净距不大于110 mm, 材料选用不锈钢管。

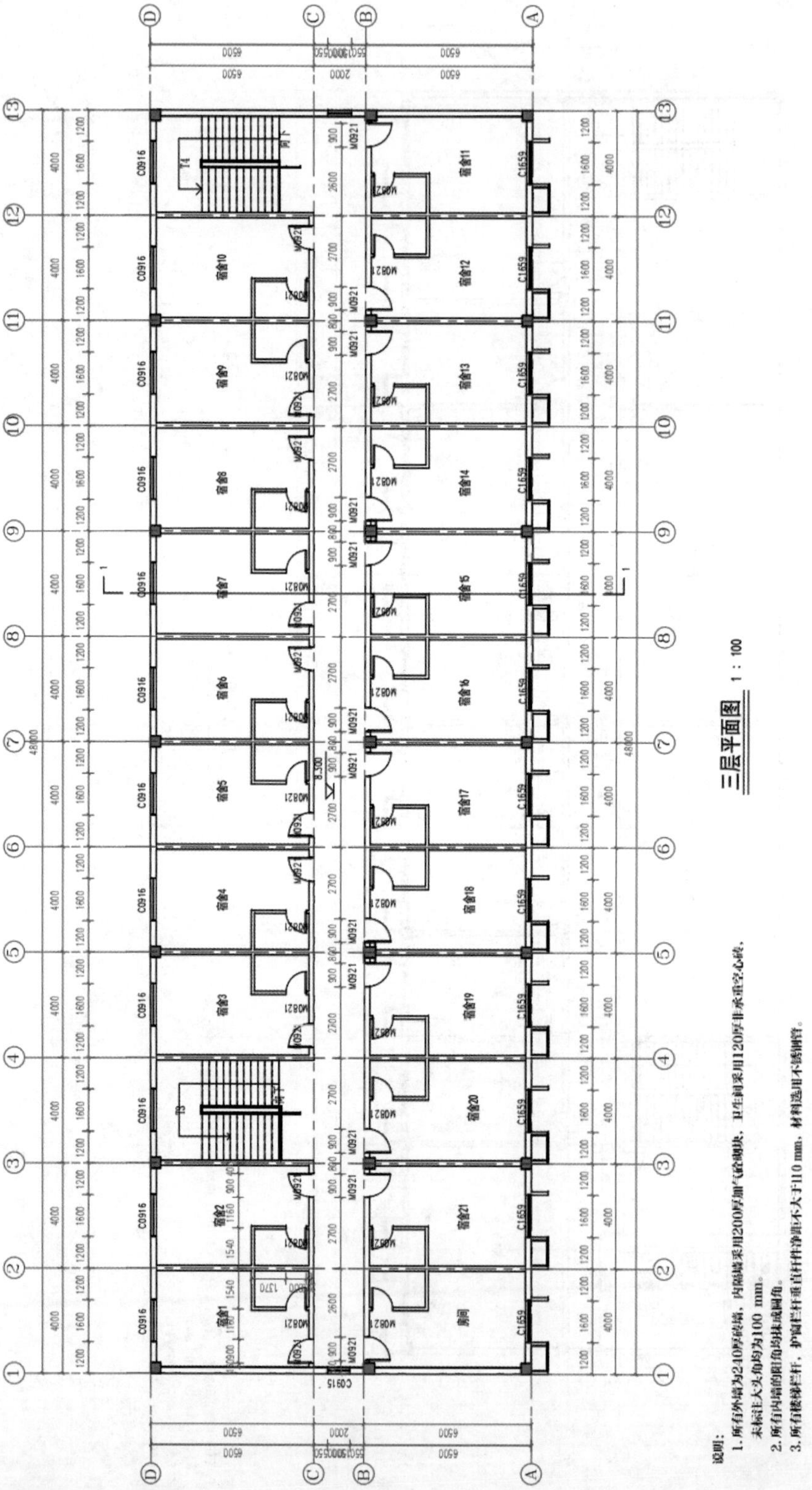

三层平面图 1:100

图 3-1-3 三层平面图

说明：
1. 所有外墙均为240厚砖墙，内隔墙采用120厚加气混凝土砌块，卫生间均采用120厚非承重空心砖。未标注大头的均约为100 mm。
2. 所有内墙的阳角均为45度抹成圆角。
3. 所有楼梯栏杆、护窗栏杆详件竖杆件净间不大于110 mm，材料选用不锈钢管。

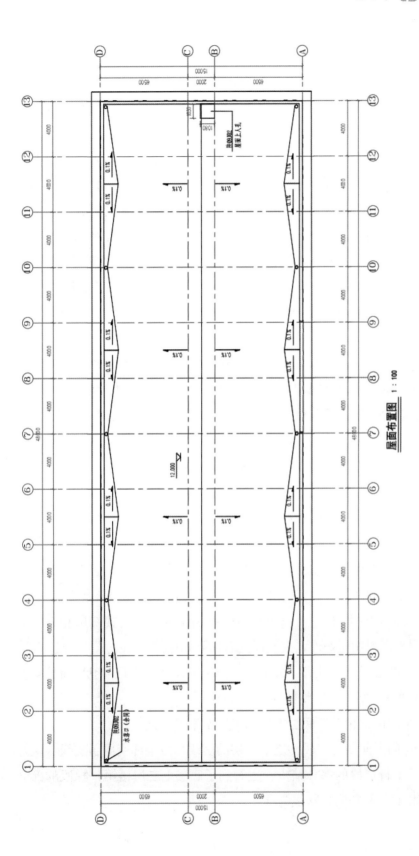

屋面布置图 1：100

图 3-1-4 屋面布置图

（1）底层平面图识读。图 3-1-1 所示为某办公楼底层平面图，绘图比例为 1：100。从图中指北针可知房屋主要入口在南侧。办公室的多数房间设在楼内东侧。房屋平面外轮廓总长为 48.00 m，总宽为 15.00 m。在正门外有三步台阶和无障碍坡道，楼房四周有散水坡。

从大门入口进入办公楼来看房屋平面分隔和布置情况。大门入口处设有一道外门，可由此进入大厅，大厅正对面为集中办公区，楼内走廊呈东西走向，走廊两侧有办公室、实验室、会议室、卫生间、集中办公区、自助食堂、楼梯及操作间等。卫生间分男女各一间，设备有蹲式大便器、小便斗和水池。楼梯间第一个梯段的下半部分为实线，上半部分为虚线，这是因为水平剖切面在楼梯平台下剖切造成的。平面图横向编号的轴线有①~⑬，竖向编号的轴线有Ⓐ~Ⓓ等。通过轴线可知自助食堂、办公室、会议室、实验室、卫生间、操作间及集中办公区等的开间和进深（轴线尺寸已标明）。

通过图 3-1-1 说明可知，所有外墙为 240 厚砖墙，内隔墙采用 200 厚加气砼砌块，卫生间采用 120 厚非承重空心砖，未标注大头角均为 100 mm。所有内墙的阳角均抹成圆角。所有楼梯栏杆、护窗栏杆垂直杆件净距均不大于 110 mm，材料选用不锈钢管。

地面标高：底层所有房间地面标高均为 ±0.00 m。

平面图中的门有 M2727、M0921、M1221、M1521、M1522、FM1221 等，窗有 C2435、C1635、C1035、C0916 等。

底层平面图有一个剖切符号，表明剖切平面的位置。1-1 在轴线⑧~⑨之间。图中分别标记了卫生间、墙身、栏杆及坡道的大样图等，表明这些地方的做法分别在下方数字对应的图中（如在"建施 08"图上）。

（2）楼层平面图识读。图 3-1-2 和图 3-1-3 所示为该办公楼二层和三层平面图。除与底层平面图相同处外，其不同处有以下几点：

1）二层均为办公区域，设有办公室 8 间和集中办公室 4 间，卫生间男女各 1 间，楼梯间东西各 1 间。二层整体标高为 4.60 m。

2）二层卫生间位置相对于底层卫生间位置发生了变化。

3）二层楼梯间平面图的梯段，之前一层的虚线梯段全部变成了实线，这是因为不但看到了上行梯段的部分踏步，也看到了底层上二层楼第一梯段的部分踏步，中间采用 45° 斜角的折断线为界。

4）从三层平面图可发现三层均为宿舍，每间宿舍的开间、进深相同，均为 4 000 mm × 6 500 mm，中间为 2 000 mm 的走廊。

5）三层楼梯只有向下无向上，所以可知道楼梯到达三层后终止，没有上屋面。从三层可以看到三层楼梯平面图的所有踏步。

（3）屋面布置图识读。在屋面布置图中，一般表明屋顶形状、屋顶水箱、屋面排水方向（用箭头表示）及坡度、天沟或檐沟的位置、女儿墙和屋脊线、烟囱、通风道、屋面检查人孔、雨水管及避雷针的位置等。图 3-1-4 所示为某办公楼屋面布置图。该屋顶设有屋面上人孔一个，屋面落水口 10 个。Ⓑ～Ⓒ轴中间为屋脊两坡流水，屋面坡度均为 1%。屋顶标高为 12.00 m。

三、建筑立面图

1. 建筑立面图的概念

建筑立面图是指平行于建筑物各方向外表立面的正投影图，简称立面图。房屋有多个立面，立面图的名称通常有以下三种叫法：按立面的主次来命名，把房屋的主要出入口或反映房屋外貌主要特征的立面图称为正立面图，其他立面图称为背立面图、左侧立面图和右侧立面图等；按房屋的朝向来命名，可把房屋的各个立面图分别称为南立面图、北立面图、东立面图和西立面图；按立面图两端的轴线编号来命名，可把房屋的立面图分别称为①～⑧轴立面图、Ⓔ～Ⓐ轴立面图等。

2. 立面图的内容与阅读方法

（1）看图名和比例，了解是房屋哪一立面的投影，绘图比例是多少，以便与平面图对照阅读。

（2）看房屋立面的外形，以及门窗、屋檐、台阶、阳台、烟囱、雨水管等的形状及位置。

（3）看立面图中的标高尺寸。通常立面图中注有室外地坪、出入口地面、勒脚、窗口、大门口及檐口等处标高。

（4）看房屋外墙表面装修的做法和分格形式等。通常用指引线和文字来说明粉刷材料的类型、配合比和颜色等。

（5）查看图上的索引符号。有时在图上用索引符号表明局部剖面的位置。

【实例 3-1-2】某办公楼立面图实例

图 3-1-5 所示为某办公楼立面图。

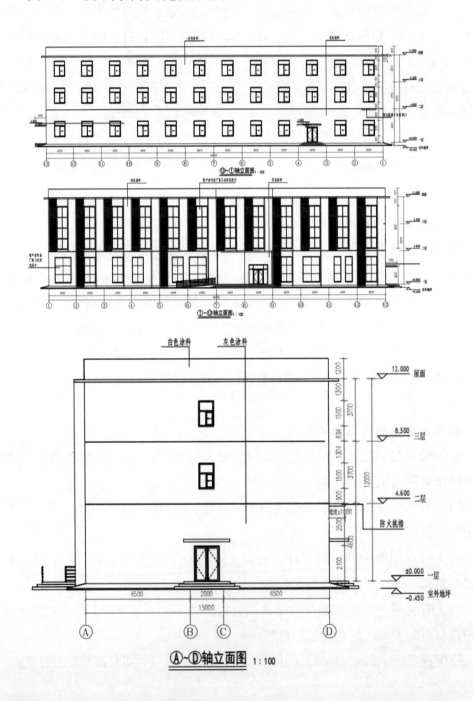

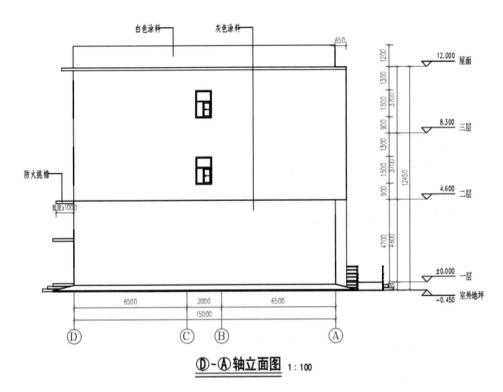

图 3-1-5　某办公楼立面图

（1）通过预览图 3-1-5 可知这是房屋三个立面的投影，用轴线标注立面图的名称，也可把它分别看成房屋的正立面、背立面、左立面和右立面。图的比例均为 1 ∶ 100。由图可知该房屋是三层楼，平顶屋面。

（2）①～⑬轴立面图，是房屋入口处一侧的正立面图，与两个侧立面图Ⓐ～Ⓓ轴、Ⓓ～Ⓐ轴对照可看到入口大门处的楼梯、坡道及栏杆样式。

（3）⑬～①轴立面图，是房屋的背立面图，可以看到办公楼后面也有一扇门、三阶台阶及一个门上雨棚。与两个侧立面图Ⓐ～Ⓓ轴、Ⓓ～Ⓐ轴相对照，可看到办公楼背后一侧的台阶及雨棚样式。

（4）通过四个立面图可以看出整个楼房各个立面图门窗、幕墙的分布和样式，女儿墙、挑檐和墙面的风格样式及装饰颜色。

（5）看立面图的标高尺寸（与剖面图一致）可知房屋的室外地坪为 –0.45 m，大门入口处为 ±0.00 m，⑬～①轴处的门顶高度为 2.10 m，通过观察全图得知所有雨棚顶高度均为 2.50 m 等。

53

四、建筑剖面图

1. 建筑剖面图的概念

用一假想的竖直剖切平面，垂直于外墙，将房屋剖开，移去剖切平面与观察者之间的部分，作出剩下部分的正投影图，称为剖面图。剖面图用以表示房屋内部的楼层分层、垂直方向的高度、简要的结构形式和构造材料等情况，如房间和门窗的高度、屋顶形式、屋面坡度、檐口形式、楼板搁置方式、楼梯形式等。

用剖面图表示房屋，通常是将房屋横向剖开，必要时也可纵向将房屋剖开。剖切面选择在能显露出房屋内部结构和构造比较复杂、有变化、有代表性的部位，并应通过门窗洞口的位置；若为多层房屋，应选择在楼梯间和主要入口处。

通常在剖面图上不画基础。剖面图中断面上的材料图例和图中线型的画法均与平面图相同。

2. 剖面图的内容及阅读方法

（1）看图名、轴线编号和绘图比例。与底层平面图对照，确定剖切平面的位置及投影方向，从中了解所画出的是房屋哪一部分的投影。

（2）看房屋内部构造和结构形式。如各层梁板、楼梯、屋面的结构形式、位置及与墙（柱）的相互关系等。

（3）看房屋各部位的高度。如房屋总高，室外地坪、门窗顶、窗台、檐口等处标高，室内底层地面、各层楼面及楼梯平台面标高等。

（4）看楼地面、屋面的构造。在剖面图中表示楼地面、屋面的构造时，通常用一引出线指着需说明的部位，并按其构造层次顺序地列出材料等说明。有时将该内容放在墙身剖面详图中表示。

（5）看图中有关部位坡度的标注。如屋面、散水、排水沟与坡道等处需要做成斜面时，都标有坡度符号，如 2% 等。

（6）查看图中的索引符号。剖面图不能表示清楚的地方，还应注有详图索引，说明另有详图表示。

【实例 3-1-3】某办公楼剖面图实例

图 3-1-6 所示为建筑剖面图。

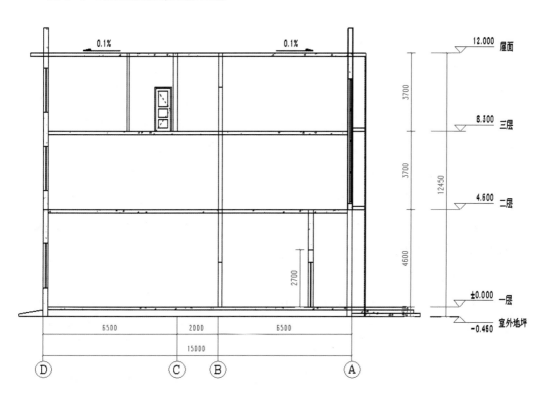

图 3-1-6　1-1 剖面图

（1）从一层平面图中 1-1 剖切线可知，1-1 剖面图是从⑧～⑨轴之间通过入口处大门、大厅及集中办公区剖切的，拿掉房屋①～⑧轴线左半部分，所作右视剖面图。

（2）1-1 剖面图可看到办公楼内部的三层楼房，平屋顶，屋顶四周有女儿墙，屋面排水坡度为 1%。入口处大门高度为 2 700 mm。

（3）该剖面图没有表明地面、楼面、屋顶的做法，而是将这些图示画在墙身剖面详图中。

五、建筑详图

1. 建筑详图的概念

建筑详图是建筑细部的施工图。因为建筑平、立、剖面图一般采用较小的比例绘制，因而某些建筑构配件（如门、窗、楼梯、阳台及各种装饰等）和某些建筑剖面节点（如檐口、窗台、散水以及楼地面层和屋顶层等）的详细构造（包括式样、层次、做法、用料和详细尺寸等）都无法表达清楚。根据施工需要，必须对房屋的细部或构配件用较大的比例将其形状、大小、材料和做法绘制出详细图样，才能表达清楚，这种图样称为建筑详图，简称详图。因此，建筑详图是建筑平、立、剖面图的补充，是建筑施工图的重要组成部分，是施工的重要依据。建筑详图包括建筑构件、配件详图和剖面节点详图。对于采用标准图或通用详图的建筑构配件和剖面节点，只要注明所采用的图集名称、编号或页次，则可不必再画详图。

2. 外墙身详图

将墙体从上至下作一剖切，画出放大的局部剖面图。这种剖切可以表明墙身及屋檐、屋顶面、楼板、地面、窗台、过梁、勒脚、散水、防潮层等细部的构造与材料、尺寸大小以及与墙身的关系等。

墙身详图根据需要可以画出若干个，以表示房屋不同部位的不同构造内容。

在多层房屋中，若各层的情况一样时，可只画底层和顶层，再加一个中间层来表示。画图时，通常在窗洞中间处断开，成为几个节点详图的组合。

【实例 3-1-4】某办公楼墙身剖面图实例

图 3-1-7 所示为外墙身详图剖面图。

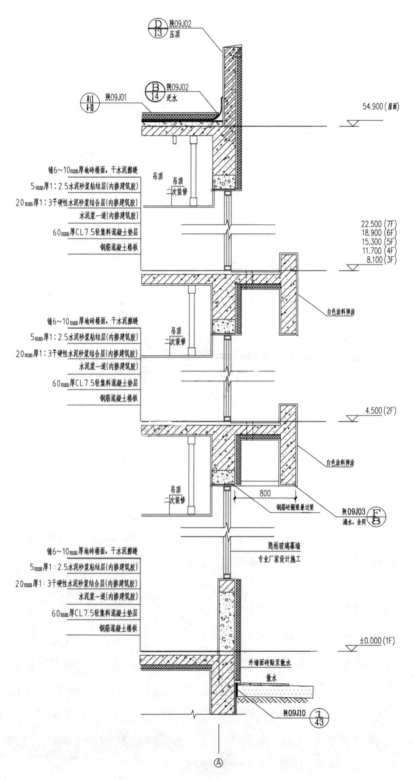

图 3-1-7 外墙身详图

（1）看图名。查找平面图中的剖切线，可知该墙身剖面的剖切位置和投影方向。由剖面图可知该墙是位于Ⓐ轴上的外墙。

（2）看檐口剖面部分。了解房屋女儿墙（也称包檐）、屋顶层及女儿墙泛水的构造，如图 3-1-8 所示。女儿墙泛水构造，分别设有铺块材、粗砂垫层、卷材或涂膜防水层、附加层和找平层。

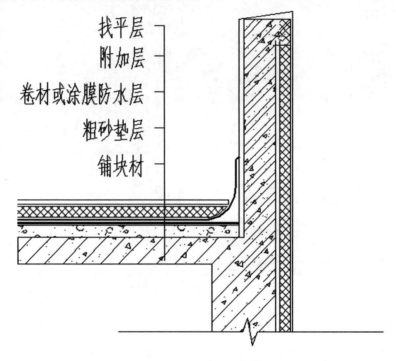

图 3-1-8　女儿墙泛水构造

（3）看窗顶剖面部分。了解窗顶钢筋混凝土过梁的构造情况等。由图 3-1-7 可知窗顶为钢筋砼的圈梁，同时兼代过梁。

（4）看窗剖面部分。了解窗的材质、构造与安装等。图 3-1-7 中窗为隐框玻璃幕墙，由厂家来设计安装。

（5）看楼板与墙身连接剖面部分。了解楼层地面的构造、楼板与墙的搁置方向等。例如，该墙表示二层、三层楼面板及屋板的一端均搭在该外墙上。多层构造引线表示该楼层地面为钢筋混凝土楼板，有 60 mm 厚的 CL7.5 轻集料混凝土垫层，水泥浆一道（内掺建筑胶），20 mm 厚的 1∶3 干硬性水泥砂浆结合层（内掺建筑胶），5 mm 厚的 1∶2.5 水泥砂浆黏结层（内掺建筑胶），然后铺 6～10 mm 厚地砖楼面，用干水泥擦缝。

（6）看散水剖面部分（见图 3-1-9）。了解勒脚、散水、防潮层等的做法。该图表明此墙无勒脚，散水做法为素土夯实向外放坡 4%，150 mm 厚的 3 ∶ 7 灰土垫层，宽出面层 300 mm，60 mm 厚的 C15 混凝土，素水泥一道（内掺建筑胶），20 mm 厚的 1 ∶ 2 水泥砂浆抹面。

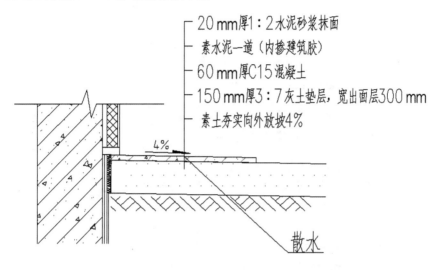

图 3-1-9 散水剖面

（7）看图中的各部位标高尺寸。图中外墙造型向外挑了 800 mm，楼层标高都已标注。

3. 门窗详图

门窗详图通常由立面图、节点剖面详图、断面图及技术说明等组成。在设计中选用通用图时，在施工图中只要说明详图所在的通用图集中的编号，就可不再另画详图。从墙身详图可以看出，该项目门窗为隐框玻璃幕墙，由厂家设计施工安装。

4. 楼梯详图

楼梯由楼梯段（简称梯段，包括踏步或斜梁）、平台（包括平台板和梁）和栏杆（或栏板）等组成。楼梯详图主要表示楼梯的类型、结构形式、各部位的尺寸及装修做法，是楼梯施工放样的主要依据。楼梯详图一般由楼梯平面图、剖面图及踏步、栏杆等详图组成。楼梯详图一般分建筑详图和结构详图，并需分别绘制。但对比较简单的楼梯，有时可将建筑详图与结构详图合并绘制，列入建筑施工图或者结构施工图中均可。

【实例 3-1-5】某办公楼楼梯图实例

图 3-1-10 所示是楼梯平面图，图 3-1-11 所示是楼梯剖面图。

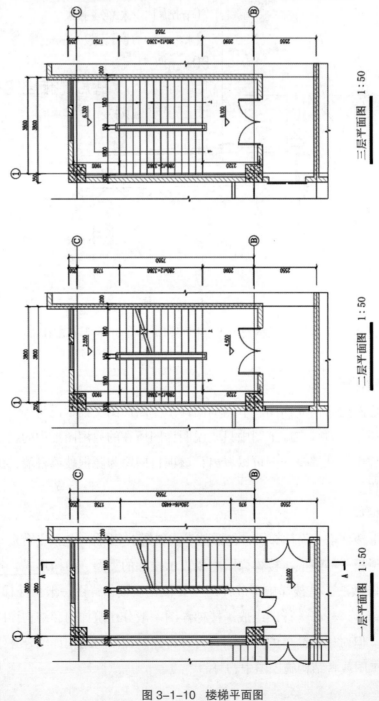

图 3-1-10　楼梯平面图

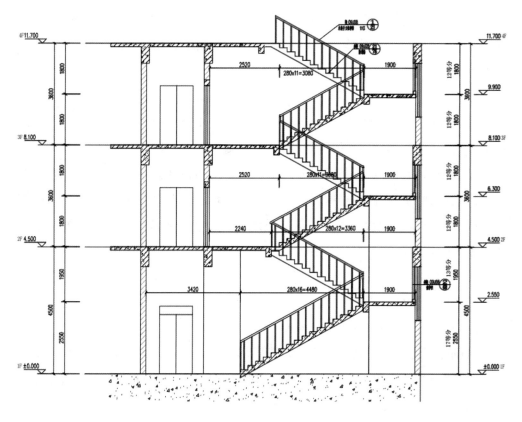

图 3-1-11　楼梯剖面图

（1）楼梯平面图。楼梯平面图是用水平剖切面做出的楼梯间水平全剖图。通常底层和顶层平面图是不可少的，中间楼层构造图如果一样，只画一个平面图，并注明"××～××层平面图"或"标准平面层图"即可；若均不同，则要分别画出。

水平剖切面规定设在上楼的第一梯段（即平台下）剖切，断开线用 45° 斜线表示。照此剖切，所得各层平面图是：底层（一层）平面，上楼梯段断开线一端露出的是该梯段下面小间的投影；二层平面，上楼梯段断开线一端露出的是底层上楼第一梯段连接平台一端的投影，另一侧则是底层到二层第二梯段的完整投影，所示平台是一、二层之间的平台；顶层（三层）没有上楼梯段，所以从顶层往下看，是顶层到下一层两个梯段的完整投影，平台是二、三层之间平台的投影。

该楼梯位于 Ⓑ～Ⓒ 轴和 ① 轴右侧之间，从图中可见一层到二层、三层到四层都是两个梯段，梯段标注分别是 280 mm×16=4 480 mm 及 280 mm×12=3 360 mm，这说明一层向上到休息平台的梯段一共有 16 个踏步，每个踏步 280 mm 宽，从一层休息平台到顶层的梯段均为 12 个踏步，每个踏步 280 mm 宽。梯段上的箭头表示上下楼。

楼梯平面图对尺寸及标高做了详细标注。例如，梯段宽度 1 800 mm、梯段水平投影长分别为 4 480 mm、3 360 mm，平台宽 1 750 mm 等，每层的标高及休息平台处标高均已给出，可自行在图纸中查阅。

（2）楼梯剖面图。楼梯剖面图与房屋剖面图的形成一样，也是用一假想的铅垂剖切平面，沿着各层楼梯段、平台及窗（门）洞口的位置剖切，向未被剖切梯段方向所作的正投影图。它能完整地表示出各层梯段、栏杆与地面、平台和楼板等的构造及相互组合关系。

图 3-1-11 所示是上楼梯平面图的剖切图。它是沿第一、三、五梯段侧剖切而下，图中看到有混凝土图案填充的便是剖切处一侧，另一侧无填充的则是未被剖切可直接看到梯段侧边的楼梯。

从剖面图可知，一到二层、二到三层都是双跑楼梯，其中第一梯段为 17 等分，第二梯段为 13 等分，第三和第四梯段为 12 等分，每梯段高度除以等分数可知其中踏步高度均为 150 mm。

5. 其他详图

其他具体位置标注的详图做法及引用图集内容，学员可自行查找，识读方法同上述方法相同，这里不再详述。

第 2 节　结构施工图识读技巧

一、结构施工图基础知识

房屋建筑施工图除了用图示表达建筑物的造型设计内容外，还要对建筑物各部位的承重构件（如基础、柱、梁、板等）进行结构图示表达，这种根据结构设计成果绘制的施工图样，称为结构施工图，简称"结施"。

1. 结构施工图的内容和作用

（1）结构施工图的内容。结构施工图内容主要包括结构设计说明，基础、楼板、屋面等结构布置图，以及基础、梁、板、柱、楼梯等构件详图。

1）结构设计说明。结构设计说明以文字叙述为主，主要说明结构设计的依据、结构形式、构件材料及要求、构造做法、施工要求等内容，一般包括以下几个方面。

①建筑物的结构形式、层数和抗震等级要求。

②结构设计所依据的规范、图集和设计所使用的结构程序软件。

③基础的形式、采用的材料及其强度等级。

④主体结构采用的材料及其强度等级。

⑤构造连接的做法及要求。

⑥抗震的构造要求。

⑦对本工程施工的要求。

2）结构布置图。结构布置图是房屋承重结构的整体布置图，主要表示结构构件的位置、数量、型号及相互关系。房屋的结构布置按需要可用结构平面图、立面图、剖视图表示，其中结构平面图较常用，如基础布置平面图、楼层结构平面图、屋面结构平面图、柱网平面图等。

3）构件详图。构件详图属局部性的图样，表示构件的形状、大小、所用材料的强度等级和制作安装等。其主要内容有梁、板、柱等构件详图；楼梯结构详图；其他构件，如天窗、雨篷、过梁等详图；屋架构件详图。

（2）结构施工图的作用。结构施工图是表达房屋结构构件的整体布置及各承重构件的形状大小、材料、构造及其相互关系的图样。它还要反映出其他专业（如建筑、给排水、暖通、电气等）对结构的要求。结构施工图主要用来作为施工放线，开挖基槽，支模板，钢筋选配绑扎，设置预埋件，浇捣混凝土，安装梁、板、柱等构件，以及编制预算和施工组织计划等的依据。

2. 常用构件的表示方法

在建筑工程中，由于所使用的构件种类繁多、布置复杂，因此在结构施工图中，为了简明扼要地标注构件，通常采用代号标注的形式。所用构件代号可在国家《建筑结构制图标准（GB/T 50105—2010）》中查用。常用构件代号见表3-2-1。

表 3-2-1　　　　　　　　常用构件代号

序号	名称	代号	序号	名称	代号	序号	名称	代号
1	板	B	15	吊车梁	DL	29	基础	JC
2	屋面板	WB	16	圈梁	QL	30	设备基础	SJ
3	空心板	KB	17	过梁	GL	31	桩	ZH
4	槽形板	CB	18	连系梁	LL	32	柱间支撑	ZC
5	折板	ZB	19	基础梁	JL	33	垂直支撑	CC
6	密肋板	MB	20	楼梯梁	TL	34	水平支撑	SC
7	楼梯板	TB	21	檩条	LT	35	梯	T
8	盖板或沟盖板	GB	22	屋架	WJ	36	雨篷	YP
9	挡雨板或檐口板	YB	23	托架	TJ	37	阳台	YT
10	吊车安全走道板	DB	24	天窗架	CJ	38	梁垫	LD
11	墙板	QB	25	框架	KJ	39	预埋件	M
12	天沟板	TGB	26	刚架	GJ	40	天窗端壁	TD
13	梁	L	27	支架	ZJ	41	钢筋网	W
14	屋面梁	WL	28	柱	Z	42	钢筋骨架	G

二、基础图识读

基础图是表示建筑物基础的平面布置和详细构造的图样，它是施工放线、开挖基槽、砌筑基础的依据。基础图一般包括基础平面图和基础详图。

1. 基础平面图

基础平面图是假想用一个水平剖切平面沿建筑底层地面下一点剖切建筑，

把剖切平面上面的部分去掉，并且移去回填土所得到的水平投影图。它主要表示基础的平面布置以及墙、柱与轴线的关系，为施工放线、开挖基槽或基坑和建筑基础提供依据。

（1）基础平面图的图示方法。在基础平面图中只需画出基础梁、柱以及基础底面的轮廓线。基础梁的轮廓线为细实线，基础底面的轮廓线为粗实线，各种管线及其出入口处的预留孔洞用虚线表示。

（2）基础平面图的主要内容

1）图名、比例一般与对应建筑平面图一致，如1∶100。

2）纵横向定位轴线及编号、轴线尺寸须与对应建筑平面图一致。

3）基础墙、柱的平面布置，基础底面形状、大小及其与轴线的关系。

4）基础梁的位置、代号。

5）基础编号、基础断面图的剖切位置线及其编号。

6）条形基础边线。每一条基础最外边的两条实线表示基础底的宽度。

7）基础墙线。每条基础最里边两条粗实线表示基础与上部墙体交接处的宽度，一般同墙体宽度一致；凡是有墙垛、柱的地方，基础应加宽。

8）施工说明，即所用材料的强度等级、防潮层做法、设计依据以及施工注意事项等。

（3）基础平面图的识读。识读基础平面图时，要看基础平面图与建筑平面图的定位轴线是否一致，注意了解墙厚、基础宽、预留洞的位置及尺寸、剖面的位置等。

图3-2-1所示为某办公楼独立基础平面图，图样比例为1∶100，标注了纵、横向定位轴线间距，如纵向轴线的间距分别为6 400 mm、7 500 mm、6 400 mm。基础的轮廓线为粗实线，每个独立基础均有相应的定位尺寸。

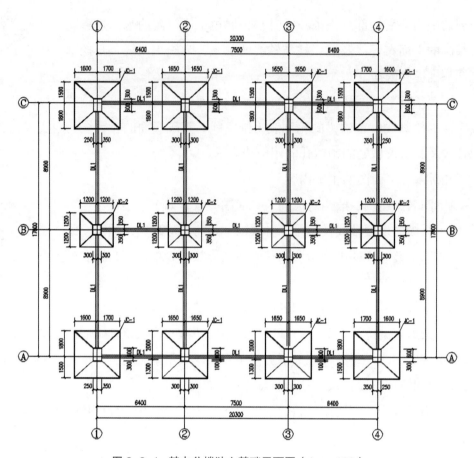

图 3-2-1　某办公楼独立基础平面图（1 ∶ 100）

2. 基础详图

基础详图是假想用一个垂直的剖切面在指定的位置剖切基础所得到的断面图。它主要反映单个基础的形状、尺寸、材料、配筋、构造以及基础的埋置深度等详细情况。基础详图要用较大的比例绘制，如 1 ∶ 20。

（1）基础详图的图示方法。不同构造的基础应分别画出其详图。当基础构造相同，而仅部分尺寸不同时，也可用一个详图表示，但需标出不同部分的尺寸。基础断面图的边线一般用粗实线画出，断面内应画出材料图例；若是钢筋混凝土基础，则只画出配筋情况，不画材料图例。

（2）基础详图的图示内容

1）图名为断面编号或基础代号及其编号，如 1–1 或 J1；图样比例较大，如 1 ∶ 20。

2）定位轴线及其编号与对应基础平面图一致。

3）基础断面的形状、尺寸、材料以及配筋。

4）室内外地面标高及基础底面的标高。

5）基础墙的厚度、防潮层的位置和做法。

6）基础梁或圈梁的尺寸及配筋。

7）垫层的尺寸及做法。

8）施工说明等。

（3）基础详图的识读。图 3-2-2 所示为某办公楼独立基础的详图，由图可以看出基础 JC-2 的详细尺寸与配筋。从图中可知，JC-2 为阶形独立基础，阶高 300 mm，总高 500 mm。基底长、宽为 2 400 mm × 2 400 mm，与平面图相一致。基础底部双向配置直径为 12 mm、间距为 150 mm 的 Ⅲ 级钢筋。竖向埋置 8 根直径为 20 mm 的 Ⅲ 级钢筋，与柱连接；并在基础内设两根直径为 10 mm 的 Ⅲ 级箍筋，间距为 100 mm。基础短柱设直径为 8 mm 的 Ⅲ 级箍筋，间距为 100 mm。基础下设 100 mm 厚素混凝土垫层，垫层每边宽出基础 100 mm。基础底部标高为 –2.00 m，基础的埋置深度为 2.00 m。

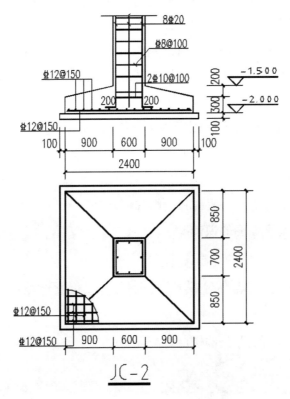

图 3-2-2　某办公楼独立基础详图

三、结构平面图识读

楼层结构平面图是用来表示各楼层结构构件（如墙、梁、板、柱等）的平面布置情况，以及现浇混凝土构件构造尺寸与配筋情况的图样，是建筑结构施工时构件布置、安装的重要依据。

1. 楼层结构平面图的图示方法

楼层结构平面图是一个水平剖视图，是假想用一个水平面紧贴楼面剖切形成的。图中被剖切到的墙体轮廓线用中实线表示，被遮挡住的墙体轮廓线用中粗虚线表示，楼板轮廓线用细实线表示，钢筋混凝土柱断面用涂黑表示，梁的中心位置用粗点画线表示。

（1）楼层结构平面图，要求图中定位轴线、尺寸应与建筑平面图一致，图示比例也应尽量相同。

（2）各类钢筋混凝土梁、柱用代号标注，其断面形状、尺寸、材料和配筋等均采用断面详图或集中标注的形式表示。

（3）现浇楼面板的形状、尺寸、材料和配筋等可直接标注在图中。对于配筋相同的现浇板，只需标注其中一块，其余可在该板图示范围内画一细对角线，注明相同板的代号，从略表达。

（4）预制楼板采用细实线图示铺设部位和方向，并画一细对角线，在上注明预制板的数量、代号、型号、尺寸和荷载等级等；对于相同铺设区域，只需作对角线并简要注明。

（5）门窗过梁可统一说明，其余内容可省略。

2. 楼层板配筋平面图的识读

【实例 3-2-1】某办公楼楼层板配筋平面图实例

图 3-2-3 所示是某办公楼楼层板配筋平面图。

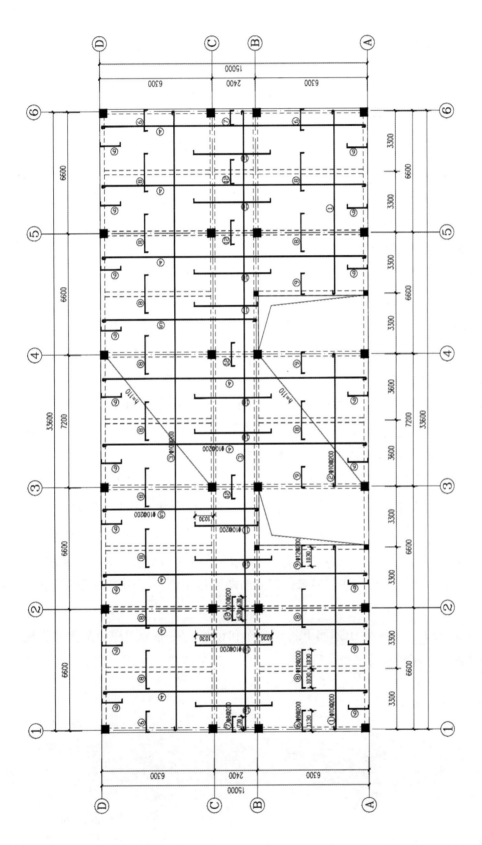

图 3-2-3 楼层板配筋平面图

（1）了解图名与比例。楼层板配筋平面图的比例一般与建筑平面图、基础平面图的比例一致。图3-2-3所示某办公楼楼层板配筋平面图比例为1：100，与建筑平面图、基础平面图的比例相同。

（2）与建筑平面图对照，了解楼层结构平面图的定位轴线。

（3）通过钢筋编号了解该楼层中板构件钢筋的布置。

（4）了解现浇板的厚度。例如，③～④轴交Ⓐ～Ⓑ轴处，板厚度H=110 mm，底部配置纵横向钢筋2、4号钢筋（ϕ10@200），负筋有6号钢筋（ϕ8@200）、9号钢筋（ϕ12@120）等。

3. 钢筋混凝土结构详图

（1）钢筋混凝土结构详图的构成。钢筋混凝土结构详图通常包括模板图、配筋图和钢筋表三部分。

1）模板图。模板图表示构件的外表形状、大小及预埋件的位置等，作为制作、安装模板和预埋件的依据。一般在构件较复杂或有预埋件时才画模板图，模板图用细实线绘制。

2）配筋图。配筋图是把混凝土假想成透明体，显示构件中钢筋配置情况的图样，主要表达组成骨架的各号钢筋的形状、直径、位置、长度、数量、间距等，必要时还要画成钢筋详图，也称抽筋图。

配筋图一般包括立面图、断面图和钢筋详图。立面图是假想构件为透明体而画出的一个纵向正投影图，它主要表明钢筋的立面形状及其上下排列的情况。断面图是构件的横向剖切投影图，它能表示出钢筋的上下和前后排列顺序、箍筋的形状及与其他钢筋的连接关系。钢筋详图是指在构件的配筋较为复杂时，把其中的各号钢筋分别"抽"出来，在立面图附近用同一比例将钢筋的形状画出所得的图。

3）钢筋表。为了便于钢筋下料、制作和预算，在部分图样中都附有钢筋表。钢筋表的内容包括钢筋名称，钢筋简图，钢筋规格、长度、数量等，见表3-2-2。

表 3-2-2   钢筋表

构件名称	构件数	编号	规格	简图	单根长度（mm）	根数
L1	1	1	⬥20		4543	2
		2	⬥20		4658	1
		3	⬥18		4315	2
		4	⬥8		1108	20

（2）钢筋混凝土结构详图的识读。读钢筋混凝土梁结构详图时，先看图名，再看立面图和断面图，后看钢筋详图和钢筋表。

由图 3-2-4 所示的梁可知，图名 L-1 表示该梁为 1 号梁，比例为 1∶30。此梁为矩形断面的现浇梁，断面尺寸宽 300 mm、高 600 mm。

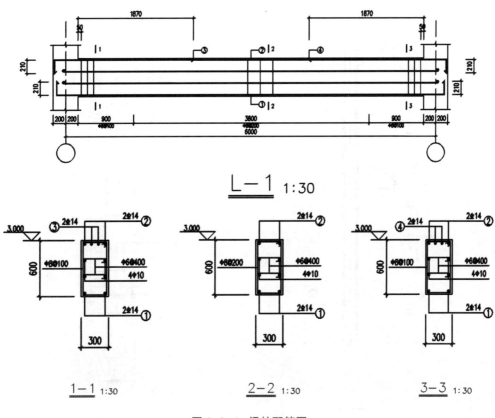

图 3-2-4 梁的配筋图

从图中断面 1-1 可知梁中部配筋情况：下部①筋为两根直径为 14 mm 的 Ⅱ级钢筋；上部②筋为两根直径为 14 mm 的 Ⅱ级钢筋；上部③筋为两根直径为 14 mm 的 Ⅱ级钢筋；箍筋是直径为 8 mm 的 Ⅰ级钢筋，每隔 100 mm 放置一个。

从 L-1 图及断面 2-2 图可知端部负筋③筋由柱边伸出 1 870 mm。

从钢筋详图中可知每种钢筋的编号、根数、直径、各段设计长度和总尺寸（下料长度）以及弯起角度，以方便下料加工。

此外，从钢筋表可知构件的名称、数量、钢筋规格、钢筋简图、直径、长度、数量、总数量、总长等详细信息，以便于编造施工预算，统计用料。

4. 钢筋混凝土柱结构详图的识读

图 3-2-5 所示为现浇钢筋混凝土柱 Z-1 的结构详图。从图中可以看出，该柱从 -1.20 m 起到标高 6.60 m 止，断面尺寸为 400 mm × 400 mm。由 1-1 断面可知，柱 Z-1 纵筋配 12 根直径为 20 mm 的 Ⅱ级钢筋，其下端与柱下基础搭接。除柱的终端外，纵筋上端伸出楼面 500 mm，以便与上一层钢筋搭接。加密区箍筋为直径 8 mm、间距 100 mm 的 Ⅰ级钢筋，柱内非加密区箍筋为直径 8 mm、间距 200 mm 的 Ⅰ级钢筋。

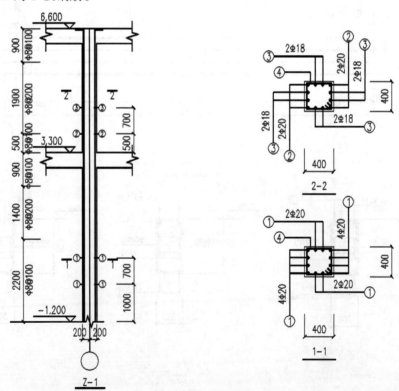

图 3-2-5　柱 Z-1 配筋图

四、钢筋混凝土柱、墙、梁平法施工图的识读

1. 柱平法施工图的识读

柱平法施工图是在柱平面布置图上采用列表注写方式或截面注写方式表达。

列表注写方式是在柱平面布置图上（一般只需采用适当比例绘制一张柱平面布置图，包括框架柱、框支柱、梁上柱和剪力墙上柱），分别在同一编号的柱中选择一个（有时需要选择几个）截面标注几何参数代号，在柱表中注写柱编号、柱段起止标高、几何尺寸（含柱截面对轴线的偏心情况）与配筋的具体数值，并配以各种柱截面形状及其箍筋类型图的方式来表达柱平法施工图，如图3-2-6所示。

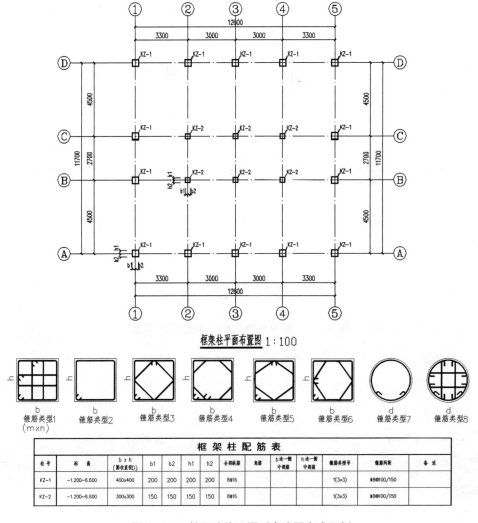

图 3-2-6　柱平法施工图列表注写方式示例

截面注写方式是在柱平面布置图的柱截面上，分别在同一编号的柱中选择一个截面，以直接注写截面尺寸和配筋具体数值的方式来表达柱平法施工图。采用截面注写方式表达的柱平法施工图如图 3-2-7 所示。

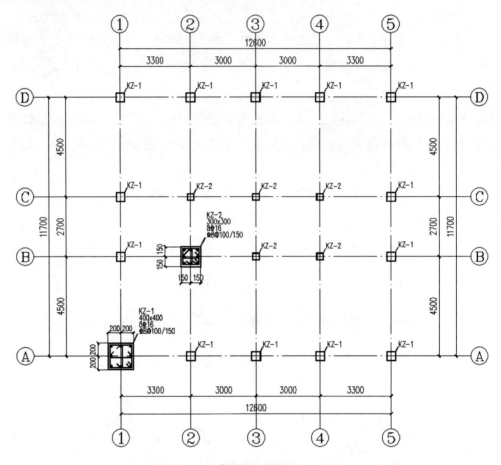

框架柱平面布置图 1∶100

图 3-2-7　柱平法施工图截面注写方式示例

2.墙平法施工图的识读

为表达清楚、简便，剪力墙可视为由剪力墙柱、剪力墙身和剪力墙梁三类构件构成。

列表注写方式是分别在剪力墙柱表、剪力墙身表和剪力墙梁表中，对应于剪力墙平面布置图上的编号，用绘制截面配筋图并注写几何尺寸与配筋具体数值的方式，来表达剪力墙平法施工图，如图 3-2-8 所示。

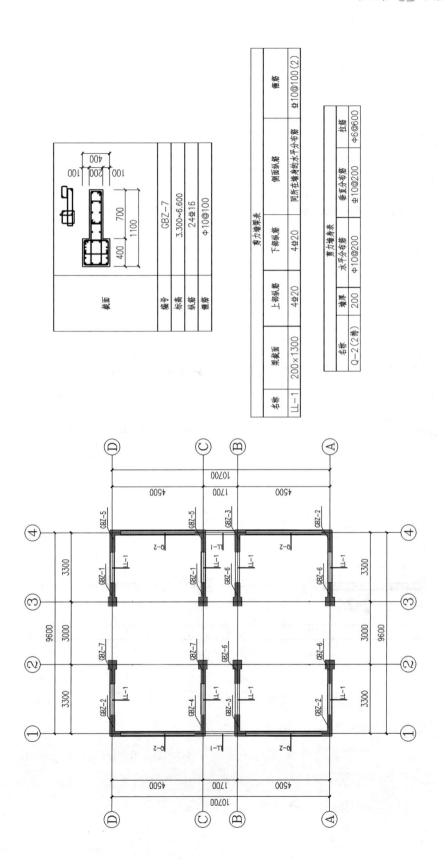

图 3-2-8 剪力墙平法施工图图例表注写方式示例

　　截面注写方式是在分标准层绘制的剪力墙平面布置图上，以直接在墙柱、墙身、墙梁上注写截面尺寸和配筋具体数值的方式来表达剪力墙平法施工图，如图3-2-9所示。

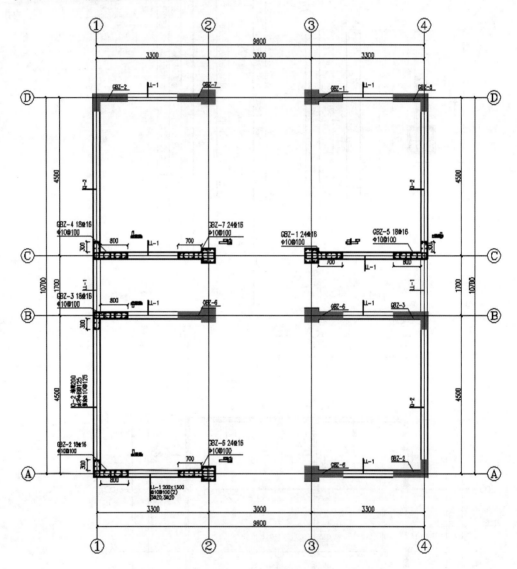

图3-2-9　剪力墙平法施工图截面注写方式示例

3. 梁平法施工图的识读

　　平面注写方式是在梁平面布置图上，分别在不同编号的梁中各选一根梁，在其上注写截面尺寸和配筋具体数值的方式来表达梁平法施工图，如图3-2-10所示。平面注写包括集中标注与原位标注。集中标注表达梁的通用数值，原位标注表达梁的特殊数值。当集中标注中的某项数值不适用于梁的某部位时，则将该项数值原位标注。施工时，原位标注取值优先。

截面注写方式是在分标准层绘制的梁平面布置图上，分别在不同编号的梁中各选择一根梁用剖面号引出配筋图，并在其上注写截面尺寸和配筋具体数值的方式来表达梁平法施工图，如图 3-2-11 所示。

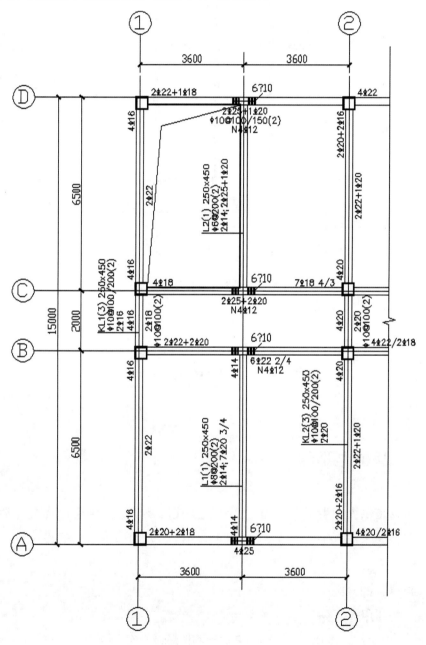

图 3-2-10　梁平法施工图平面注写方式示例

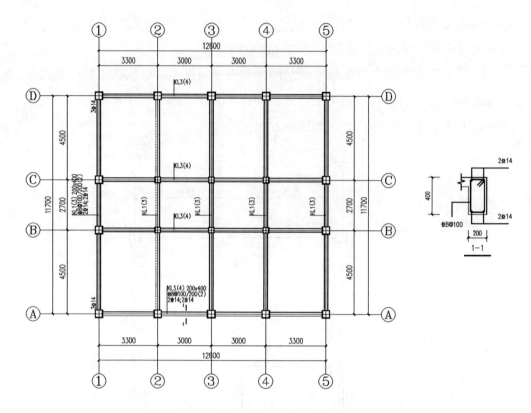

图 3-2-11 梁平法施工图截面注写方式示例

第3节　房屋构造基础知识

一、房屋的构造与组成

建筑物是供人们生活、学习、工作、居住以及从事各种生产和文化活动的场所。其他如水池、水塔、支架、烟囱等间接为人们提供服务的设施称为构筑物。

1. 建筑物的分类

（1）按使用性质分

1）民用建筑。民用建筑指主要用途是供人们工作、学习、生活、居住的建筑。如住宅、单身宿舍、招待所等居住建筑，写字楼、教学楼、影剧院、商场、医院、邮电大楼、广播大楼等公共建筑。

2）工业建筑。工业建筑指各类工业生产用房和直接为生产提供服务的附属用房。常见的有单层工业厂房、多层工业厂房、层次混合的工业厂房。

3）农业建筑。农业建筑指各类供农业生产使用的建筑，如种子库、拖拉机站等。

（2）按结构类型分。结构类型是根据承重构件所选用的材料、制作方式、传力方法的不同来划分的，一般分为以下四种。

1）砖混结构。砖混结构的竖向承重构件是采用烧结多孔砖或承重混凝土小砌块砌筑的墙体，水平承重构件为钢筋混凝土梁、板。这种结构一般用于多层建筑中。

2）框架结构。框架结构是利用钢筋混凝土或钢的梁、板、柱形成的骨架构成承重部分，墙体一般只起围护和分隔作用。这种结构可以用于多层和高层建筑中。

3）剪力墙结构。剪力墙结构是指房屋的内、外墙都做成实体的钢筋混凝土墙体，由剪力墙承受竖向和水平力的作用。这种结构可以用于小开间的高层建筑中。

4）特种结构。特种结构又称为空间结构，包括拱、壳体、网架、悬索等结构形式。这种结构多用于大跨度的公共建筑中。

（3）按建筑总层数或总高度分。层数是建筑的一项非常重要的控制指标，但必须结合建筑总高度综合考虑。

1）住宅建筑。1～3层为低层，4～6层为多层，7～9层为中高层，10层及以上为高层。

2）公共建筑及综合性建筑。总高度超过24 m为高层（不包括建筑高度大于24 m的单层公共建筑），总高度小于24 m为多层。

3）超高层建筑。建筑总高度超过100 m时均为超高层，不论其是居住建筑还是公共建筑。

（4）按施工方法分。按照建造建筑物所采用的施工方法，建筑物可以分为以下三类。

1）现浇现砌式。现浇现砌式指主要构件采用在施工现场砌筑（如空心砖墙等）或浇筑（如钢筋混凝土构件等）的方法建造的建筑物。

2）预制装配式。预制装配式指主要构件在加工厂预制，在施工现场进行装配而建造的建筑物。

3）部分预制装配式。部分预制装配式指采用一部分构件在现场浇筑或砌筑（多为竖向构件），一部分构件预制装配（多为水平构件）的方法施工建造的建筑物。

2. 民用建筑的基本构造与组成

建筑物由承重结构系统、围护分隔系统和装饰装修三部分及其附属各构件组成。一般的民用建筑由基础、墙或柱、楼地层、楼梯和电梯、门和窗、屋顶等部分组成，如图3-3-1所示。此外，还有其他配件和设施，如通风道、垃圾道、阳台、雨篷、散水、明沟、勒脚等。

（1）基础。基础是建筑物垂直承重构件与支承建筑物的地基直接接触的部分。基础位于建筑物的最下部，承受上部传来的全部荷载和自重，并将这些荷载传给下面的地基。基础是房屋的主要受力构件，其构造要求是坚固、稳定、耐久，并且能经受冰冻、地下水及所含化学物质的侵蚀，保证足够的使用年限。

（2）墙或柱。在墙体承重结构体系中，墙体是房屋的竖向承重构件，它承受着由屋顶和各楼层传来的各种荷载，并把这些荷载可靠地传到基础上，再传给地基，其设计必须满足强度和刚度要求。在梁柱承重的框架结构体系中，墙体主要起分隔空间或围护的作用，柱则是房屋的竖向承重构件。作为墙体，其外墙有围护的功能，能抵御风、霜、雪、雨及寒、暑对室内的影响，内墙有分隔空间的作用，所以墙体还应满足保温、隔热、隔声等要求。

（3）楼地层。楼地层包括楼板层和地坪层。楼板层包括楼面、承重结构层（楼板、梁）、设备管道和顶棚层等。楼板层直接承受着各楼层上的家具、设备、人的重量和楼层自重，对墙或柱有水平支撑的作用，传递着风、地震等侧向水平荷载，并把上述各种荷载传递给墙或柱。楼板层要求有足够的强度和刚度，以及良好的防水、防火、隔声性能。地坪层是首层室内地面，它承受着室内的荷载以及自重，并将荷载通过垫层传到地基。由于人们的活动直接作用在楼地层上，所以对其要求还包括美观、耐磨损、易清洁、防潮等。

（4）楼梯和电梯。楼梯和电梯是建筑物的竖向交通设施，应有足够的通行能力和承载能力，并且能满足坚固、耐磨、防滑等要求。

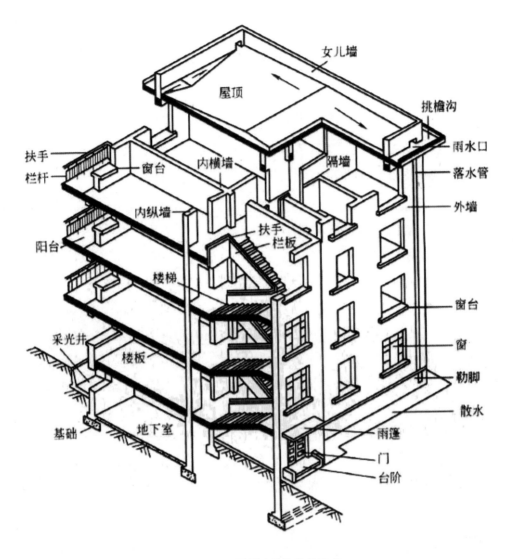

图 3-3-1　民用建筑构件的组成

楼梯可作为发生火灾、地震等紧急事故时的疏散通道。电梯和自动扶梯可用于平时疏散人流，但不能用于消防疏散。消防电梯应满足消防安全的要求。

（5）门和窗。门和窗属于围护构件，都有采光通风的作用。门的基本功能是保持建筑物内部与外部或各内部空间的联系与分隔。门应满足交通、消防疏散、隔热、隔声、防盗等功能。窗的作用主要是采光、通风及眺望。窗要求有保温、隔热、防水、隔声等功能。

（6）屋顶。屋顶包括屋面（面层、防水层）、保温（隔热）层、承重结构层（屋面板、梁）、设备管道和顶棚层等。

屋面板既是承重构件又是围护构件。作为承重构件，屋面板与楼板层相似，承受着直接作用于屋顶的各种荷载，同时在房屋顶部起着水平传力构件的作用，并把本身承受的各种荷载直接传给墙或柱。作为围护构件，屋面板抵御自然界的风、霜、雪、雨和太阳辐射等寒、暑作用。屋面板应有足够的强度和刚度，还要满足保温、隔热、防水等构造要求。

二、影响建筑构造的因素

影响建筑构造的因素很多，大致可归纳为以下几方面。

1. 外界作用力的影响

外界作用力包括人、家具和设备的重量、结构自重、风力、地震力以及雪重等，这些通称为荷载，分为静荷载和动荷载。荷载的大小和作用方式影响着建筑构件的选材、截面形状与尺寸，这些都是建筑构造的内容。在荷载中，风力往往是高层建筑水平荷载的主要因素，地震力是目前自然界中对建筑物影响最大、破坏最严重的一种因素，因此必须引起重视，采取合理的构造措施予以设防。

2. 人为因素的影响

人们在生产、生活活动中产生的机械振动、化学腐蚀、爆炸、火灾、噪声，以及对建筑物的维修改造等，都会对建筑物构成威胁。因此，在建筑构造上需采取相应的防火、隔声、防振、防腐等措施，以避免对建筑物的使用功能产生影响和损害。

3. 气候条件的影响

自然界中的日晒雨淋、风雪冰冻、地下水等均对建筑物的使用功能和建筑构件的使用质量产生影响。对于这些影响，在构造上必须考虑相应的防护措施，如防水防潮、保温、隔热、防震、防冻胀、防蒸汽渗透等。

4. 建筑标准的影响

建筑标准所包含的内容较多，与建筑构造关系密切的主要有建筑的造价标准、建筑等级标准、建筑装修标准和建筑设备标准等。对于大量民用建筑，其构造方法通常是常规做法，而对于大型公共建筑，其建筑标准较高，构造做法上对美观的要求也更多。

5. 建筑技术条件的影响

建筑技术条件是指建筑材料技术、结构技术和施工技术等。随着这些技术的不断发展和变化，建筑构造技术也在不断更新。

三、建筑的结构类型

民用建筑的结构类型见表 3-3-1。

表 3-3-1　　　　　　　　　民用建筑的结构类型

结构类型		使用范围
按主要承重结构的材料分	土木结构	以生土墙和木屋架作为建筑物的主要承重结构，这类建筑可就地取材、造价低，适用于村镇建筑
	砖木结构	以砖墙或砖柱、木屋架作为建筑物的主要承重结构，这类建筑称为砖木结构建筑
	砖混结构	以砖墙或砖柱、钢筋混凝土楼板、屋面板作为承重结构的建筑，这是目前建造数量最大、普遍被采用的结构类型
	钢筋混凝土结构	建筑物的主要承重构件全部采用钢筋混凝土做法，这种结构主要用于大型公共建筑和高层建筑
	钢结构	建筑物的主要承重构件全部采用钢材制作。钢结构建筑与钢筋混凝土建筑相比自重轻，但耗钢量大，目前主要用于大型公共建筑

结构类型		使用范围
按建筑结构的承重方式分	墙承重结构	用墙承受楼板以及屋顶传来的全部荷载的，称为墙承重结构。土木结构、砖木结构、砖混结构的建筑大多属于这一类
	框架结构	用柱、梁组成的框架承受楼板、屋顶传来的全部荷载的，称为框架结构。框架结构建筑中，一般采用钢筋混凝土结构或钢结构组成框架，墙只起到围护和分隔作用。框架结构用于大跨度、荷载大的建筑以及高层建筑
	内框架结构	建筑物的内部用梁、柱组成的框架承重，四周用外墙承重时，称为内框架结构建筑。内框架结构通常用于内部需较大通透空间但可设柱的建筑，如底层为商店的多层住宅等
	空间结构	用空间构架如网架、薄壳、悬索等来承受全部荷载的，称为空间结构建筑。这种类型建筑适用于需要大跨度、大空间并且内部不允许设柱的大型公共建筑，如体育馆、天文馆、展览馆、火车站、机场等建筑

第 4 节　识读设备施工图

在完整的房屋建筑图中，除了需要画出全部的建筑施工图和结构施工图外，还应包括室内给水、排水、采暖、通风和电气照明（水、暖、电）等方面的工程图样，这些图样一般统称为设备施工图。识读水、暖、电设备施工图时，应注意以下特征。

第一，水、暖、电系统都是由各种空间管线和一些设备、装置所组成。就管线而言，不同的管线、多变的管子直径，难以采用真实投影的方法加以表达。

各种设备、装置一般都是工业制成品，也没有必要画出其全部详图。因此水、暖、电系统的设备装置和管道、线路多采用国家标准规定的统一图例符号表示。所以，在阅读图样时，应首先了解与图样有关的图例符号及其所代表的内容。

第二，水、暖、电管道系统或线路系统，其本身都有一个来源，无论是管道中的水流、气流还是线路中的电流，都要按一定方向流动，最后和设备相连接。例如，室内给水系统：引入管→水表井→干管→立管→支管→用水设备。又如，室内电气系统：进线→配电箱→干线→支线→用电设备。掌握这一特点，按照一定顺序阅读管线图，就会很快掌握图样。

第三，水、暖、电管道或线路在房屋的空间布置是纵横交错的，用一般房屋平、立、剖面图难以把它们表达清楚。因此，除了要用平面图表示其位置外，水、暖管道还要采用轴测图表示管道的空间分布情况，在电气图样中要画电气线路系统图或接线原理图。看图时，应把这些图样与平面图对照阅读。

第四，水、暖、电管道或线路平面图和系统图，都不标注管道线路的长度。管线的长度在备料时只需用比例尺从图中近似量出，在安装时则以实测尺寸为依据。

第五，在水、暖、电平面图中的房屋平面图，是用作管道线路和水、暖、电设备的平面布置和定位陪衬图样，它是用较细的实线绘制的，仅画出房屋的墙身、门窗洞口、楼梯、台阶等主要构配件，只标注轴线间尺寸，至于房屋细部及其尺寸和门窗代号等均略去。

第六，设备施工图和土建施工图样是互有联系的图纸，如管线、设备需要地沟、留洞等，在设计和施工中都要相互配合、密切协作。

一、室内给水施工图

1. 室内给水系统与施工图组成

（1）室内给水系统简介。在保证水质、水量、水压等要求的情况下，室内给水系统将净水自室外给水总管引入室内，并配送到水龙头、生产用水设备和消防设备等用水点。室内给水系统包括生活给水系统（供生活饮用、洗涤等用水）、生产给水系统（供生产和冷却设备用水）、消防给水系统（供扑灭火灾的消防设施用水）。一般居住与公共建筑只设生活给水系统，以保证饮用、盥洗、烹饪等用水需要。如需设消防装置，则可采用生活—消防联合给水系统。对消防有严格要求的高层和大型公共建筑，则应独立设置消防给水系统，以保证灭火的水量和射程。

室外给水总管内的净水经引入管和水表节点流入室内给水管网至各用水点，由此构成室内给水系统，如图 3-4-1 所示。有关组成部分说明如下。

1）引入管。是自室外给水总管将水引至室内给水干管的管段。引入管（也叫进水管）在寒冷地区必须埋设在冰冻线以下。

2）水表节点。水表装置在引入管段上，它的前后装有阀门、泄水装置等。

3）给水管网。是由水平干管、立管和支管等组成的管道系统。

4）配水龙头或用水设备。如水嘴、淋浴喷头、水箱、消火栓等。

5）水泵、水箱、储水池。在房屋较高、水压不足，不能保证供水等情况下附设该设备。

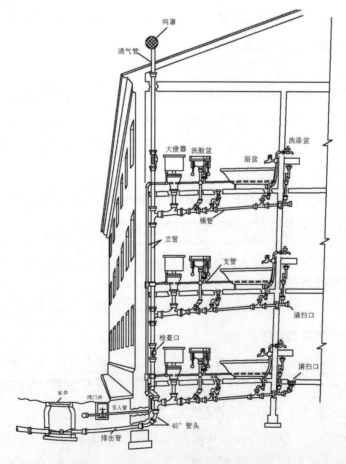

图 3-4-1　给排水系统示意图

（2）室内给水施工图的组成。给水施工图主要包括给水管道平面图、给水管道系统图（轴测图）及安装详图、图例和施工说明等内容。

2. 室内给水管道平面图

（1）给水管道平面图图示方法。室内给水管道平面图是在建筑平面图上表明给水管网和用水设备平面布置的图样，它是施工图中最基本、最重要的图样。该图常用 1：100 和 1：50 比例画出。为了清楚表明室内给水系统的布置，给水管道平面图应分层绘制。管道系统布置相同的楼层平面，则可绘制一张标准层平面图代替，但底层管道平面图仍应单独画出。

在管道平面图中，各种管道不论在楼面（地面）之上或之下，一律视为可见，都用管道规定的图例线型画出。管道的管径、坡度和标高，通常都标注在管道系统图上，在管道平面图上不标注。

（2）给水管道平面图的主要内容

1）表明房屋建筑的平面形状、房间布置等情况。

2）表明给水管道的各个干管、立管、支管的平面位置、走向以及给水系统与立管的编号。

3）表明各用水设备、配水龙头的平面布置、类型及安装方式。

4）在底层平面图中除了表明上述内容外，还要反映给水引入管、水表节点、水平干管、管地沟的平面位置、走向及构造组成等情况。

3. 给水管道系统图

（1）给水管道系统图图示方法。室内给水管道系统图是表明室内给水管网和设备的空间联系以及管网、设备与房屋建筑的相对位置、尺寸等情况的立体图样。给水管道系统图具有立体感强的特点，通常是用正面斜等测的方法绘制的，其比例通常与平面图相同，这样便于对照识读和使用。它与给水平面图相结合可以反映整个给水系统全貌，因此，它是室内给水施工图的重要图样。

（2）给水管道系统图的主要内容

1）表明管网的空间连接情况。包括引入管、干管、立管和支管的连接和走向，支管与用水龙头、设备的连接与分布，以及系统与立管的编号等。

2）表明楼层地面标高及引入管、水平干管、支管直至水龙头的安装标高。

3）表明从引入管直至支管整个管网各管段的管径。管径用 DN 表示（DN 表示水、煤、气钢管的公称直径）。

4. 给水管道安装详图

给水管道安装详图，表明给水工程中某些设备或管道节点的详细构造与安装要求，如卫生器具、设备或节点的详细构造与安装要求。若能选用国家标准图，可不绘制详图，但要给出标准图集号和说明。

【实例 3-4-1】某办公楼给水施工图实例

图 3-4-2、图 3-4-3 所示为某研究所办公楼给水、排水平面图，图 3-4-4 所示为该给水管道的系统图。

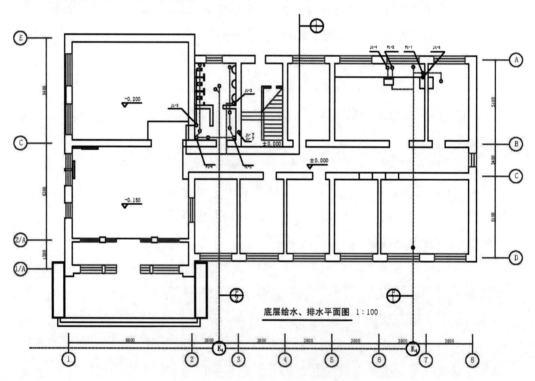

底层给水、排水平面图 1:100

图 3-4-2　底层给水、排水平面图

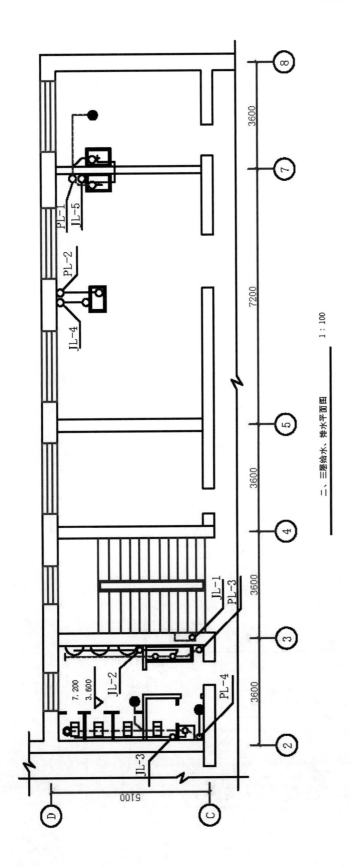

二、三层给水、排水平面图

1：100

图 3-4-3 二、三层给水、排水平面图

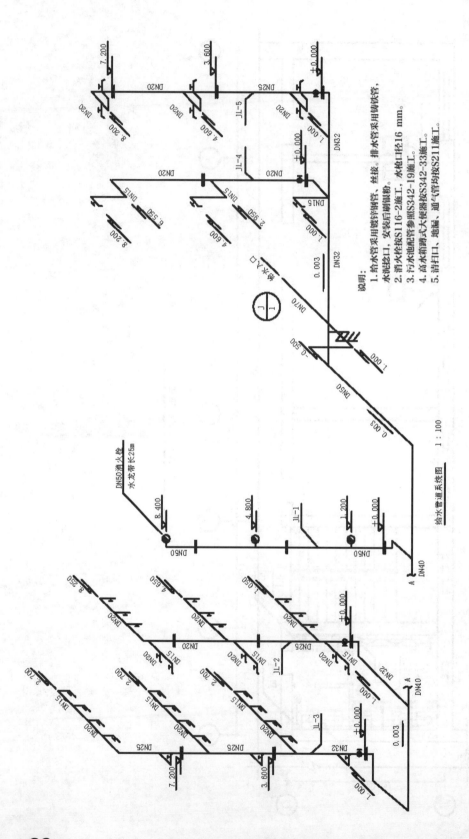

图 3-4-4　给水管道系统图

（1）给水管道平面图。首先看建筑平面图，了解哪些房间有卫生器具和管道，掌握它们的位置及其分布情况。通过图 3-4-2 和图 3-4-3 可知，该办公楼厕所中的小便斗、大便冲洗水箱、盥洗槽和实验室洗涤槽，一至三层全有，都需供水。

然后看给水管道系统的分布。先看底层给水平面图，从引入管看起，可知该楼房有给水系统一个，即⑪（"J"是给水管道代号，"1"是管道系统编号）。从给水引入管开始，按水流方向读，可知引入管穿过Ⓓ轴墙进入室内④~⑤轴房间，然后接水平干管分左、右两路与各立管连接。右路引到实验室两个房间的三个洗涤槽，由此再向二、三楼起两根立管 JL-4 和 JL-5（"JL"是给水立管代号，"4""5"是立管编号）；左路经走廊路过楼梯间时引一水平管与消防立管 JL-1 连接，路经厕所门口时引进水平管连一立管 JL-2 供盥洗槽和 3 个挂式小便器用水，路经餐厅门口引一水平管穿墙进厕所连接立管 JL-3 供厕所四个大便冲洗水箱和洗涤槽用水。由平面图可见，这是一个供生活和消防两用的联合给水系统。

（2）给水管道系统图。识读管道系统图必须与管道平面图配合。在底层管道平面图中，可按系统索引符号找出相应的管道系统。在各楼层平面图中，可根据该系统立管代号及位置找出相应的管道系统。给水管道系统一般从引入管开始识读，依次按引入管、水平干管、立管、支管及卫生器具确定走向。

从图 3-5-4 所示给水管道系统图可知，⑪管道系统的引入管 DN70，管中心标高为 -1.80 m，穿过Ⓓ轴墙进入室内。引入管入室后升起到 -0.50 m 接出两根水平干管：一根管径 DN50 引向走廊向左转弯再进入餐厅，其间接出三根立管 JL-1、JL-2、JL-3 通向三层楼；另一根管径 DN32 连向实验室，接出两根立管 JL-4、JL-5 通向三层楼。在五根大立管上均画有楼层地面的标志⊣，并在立管下部（地面以上）装有控制阀门。为了图示清晰，将相近的立管有意在水平干管上断开，拉开距离，避免立管间的支管与配水龙头在图面上重叠混淆不清。

JL-1 是消防立管 DN50。消火栓安装高度距本层地面均为 1 200 mm，施工按 S116—2 通用图制作。JL-2 是连接小便斗用水的立管，连接小便斗水栓的水平立管安装时距本层地面高为 1 050 mm。JL-3 是连接大便冲洗水箱的立管，连接高位冲洗水箱的水平支管，安装时距本层地面高为 2 700 mm。JL-4、JL-5 及 JL-2、JL-3 上的洗涤槽和污水池的水龙头，安装高度距本层地面均为 1 000 mm。

图中较详细地标注了所有管段的公称直径，此处不再重复。水平管的敷设坡度均为 0.003。图中还做了施工要求说明，如给水管采用镀锌钢管丝接；对于消火栓、污水池、高水箱、清扫口等的做法，均提出了相应的通用图，按通用图去施工即可。

二、室内排水施工图

1. 室内排水系统与施工图组成

（1）室内排水系统简介。排水系统分为室外排水和室内排水两个系统。室内排水系统的任务是把室内生活、生产中的污（废）水以及落在屋面上的雨、雪水加以收集，通过室内排水管道排至室外排水管网或沟渠中。室内排水系统按被排污水的性质分为生活污水排水系统和生产污（废）水排水系统。生活污水排水系统是设在居住建筑、公共建筑和工厂的生活间内，排除人们生活中的洗涤污水和粪便污水的排水系统。生产污（废）水系统是设在工业厂房，排除生产污水、废水的排水系统。

室内各个用水卫生器具内的污水经排水横支管、排水立管、排出管排至室外检查井，最后流入室外排水系统，如图 3-4-5 所示。有关组成部分说明如下。

1）卫生器具。卫生器具是接纳、收集污水的设备，是室内排水系统的起点。污水由卫生器具排出口经存水弯和器具排水管流入横支管。

2）横支管。横支管接收卫生器具排水管流出的污水并将其排至立管内。横支管在设计上要有一定的坡度。

3）排水立管。排水立管接收各横支管流来的污水，并将其排至排出管（或水平干管）。

4）排出管。排出管的作用是接收排水立管的污水，并将其排至室外管网。它是室内管道与出户检查井的连接管。该管埋地敷设，有一定的坡度，且坡向室外检查井。

5）通气管。通气管是在排水立管的上端延伸出屋面的部分。其作用是使污水在室内排水管道中产生的臭气和有害气体排至大气中去，保证污水流动畅通，防止卫生器具的水封受到破坏。通气管管径根据当地气温决定，在不结冰的地区可与立管相同或小一号，在有冰冻的寒冷地区管径要比立管大 50 mm。通气管伸出屋面高 500 mm 左右。

6）检查口、清扫口。为了疏通排水管道，在排水立管上设置检查口，在横支管起端安装清扫口。

（2）室内排水施工图的组成。室内排水施工图主要包括排水管道平面图、排水管道系统图、安装详图以及图例和施工说明等。

2. 排水管道平面图

（1）排水管道平面图图示方法。室内排水管道平面图主要表明建筑物内排水管道及有关卫生器具的平面布置，其图示特点与图示方法与给水施工图基本相同。排水管道在施工图中是采用粗虚线表示的。如果一张平面图要同时绘出给水和排水两种管道时，则两种管道的线型要留有一定距离，避免重叠混淆。由此说明平面图上的线条都是示意性的，它并不能说明真实安装情况。

（2）排水管道平面图的主要内容

1）表明卫生器具及设备的安装位置、类型、数量及定位尺寸。卫生器具及设备用图例表示的，只能说明其类型，看不出构造和安装方式，在读图时必须结合有关详图或技术资料搞清它们的构造、具体安装尺寸和连接方法。

2）表明排出管的平面位置、走向、数量及排水系统编号、与室外排水管网的连接形式、管径和坡度等。排出管通常都注上系统编号。

3）表明排水干管、立管、支管的平面位置及走向、管径尺寸及立管编号。

4）表明检查口、清扫口的位置。

3. 排水管道系统图

（1）排水管道系统图图示方法。排水管道系统图图示方法与给水管道系统图图示方法基本相同。排水管道用虚线表示，管道在水平管段上都标注有污水流向的设计坡度，排水管道系统的图例符号与给水管路系统所用的图例符号不同。

（2）排水管道系统图的主要内容

1）表明排水立管上横支管的分支情况和立管下部的汇合情况，排水系统是怎样组成的、有几根排出管、走向如何。

2）通过图例符号表明横支管上连接哪些卫生器具，以及管道上的检查口、清扫口和通气管、风帽的位置与分布情况。

3）表明管径尺寸、管道各部分安装标高、楼地面标高及横管的安装坡度等尺寸。管道支架在图上一般不表示，而是由施工人员按有关规程和习惯性做法确定。

4. 排水管道安装详图

排水管道安装详图是表明排水系统中某些设备或管道节点的详细构造与安装要求的大样图。

【实例3-4-2】某办公楼排水管道平面图实例

排水管道平面图如图3-4-2和图3-4-3所示。图3-4-5所示为该办公楼的排水管道系统图。室内排水施工图的具体识读步骤，应根据管网系统的编号，从各个排水设备开始，沿排水方向经支管、排水立管、水平排出干管到室外窨井，循序渐进，由粗到细，逐个进行了解。

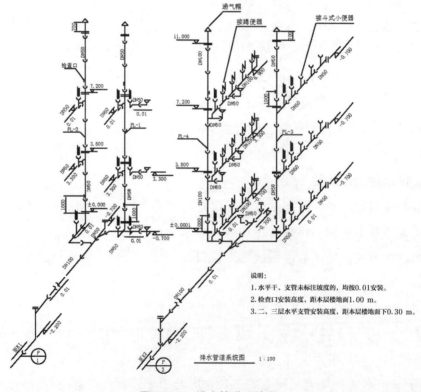

说明：
1. 水平干、支管未标注坡度的，均按0.01安装。
2. 检查口安装高度，距本层楼地面1.00 m。
3. 二、三层水平支管安装高度，距本层楼地面下0.30 m。

排水管道系统图　　1:100

图3-4-5　排水管道系统图

（1）排水管道平面图。平面图中表明厕所、实验室有卫生器具（也是污水收集器），这些卫生器具就是排水系统的起点。从底层平面图中可看到有两个排出管，整幢楼房排水分两个系统，排水系统Ⓑ接纳实验室污水汇集于干管，经排出管穿过Ⓐ墙与室外检查井Ⓚ1相连，排水系统Ⓒ接纳厕所间污水与粪便汇集于干管，经排出管穿过Ⓐ墙与室外检查井Ⓚ2连接，在每根排出管上均安有清扫口。从各层平面图中表示出通向顶层（三层）的污水立管有四根，它们分布在Ⓑ和Ⓒ上各两根。

（2）排水管道系统图。图中表明有两个排水系统，与排水管道平面图对照便知，Ⓑ是从实验室引出来的，Ⓒ是从厕所引出来的。现以Ⓒ为例进行识读。该系统上有两根排水立管 PL-3 和 PL-4。PL-3 立管 DN50，二、三层各有一横支管与该立管相接，每一横支管上连有洗涤槽上两个排水管和三个小便斗排水管。横支管 DN50 流向立管坡度 0.01，安装高度距本层地面下 300 mm。一层楼的横支管连接在水平管段上，安装高度为 -700 mm，其他与楼上支管相同。

PL-4 立管上，二、三层各有一横支管与立管相连。每一横支管上连有四个大便器、一个洗涤槽和一个地漏的排水管。横支管起端于地面上安有清扫口。横支管 DN100、地漏子 DN50，安装高度在本层地面下 300 mm（指管中心尺寸），流向立管坡度 0.01。二、三层在女厕所（与平面图对照）间的地漏直接与立管相连。一层楼的横支管上连接四个大便器和一个洗涤槽，该横支管连接在水平管上，管径坡度同上，安装高度 -700 mm。男女厕所间的地漏分别连接在两根水平管上。

PL-3 和 PL-4 分别在一、三层距本层地面 1 000 mm 处安装检查口，立管上端通气管与立管管径相同，通气管伸出屋面 700 mm。排出管汇集了 PL-3 和 PL-4 的污水粪便流向室外，管径 DN100，流向室外坡度 0.01。排出管安装高度在室内为 -700 mm，接近基础时下降到 -2 200 mm 穿墙出室外，出墙前在 -700 mm 下降到 -2 200 mm 的竖直排出管上端安有清扫口（此处与平面图对照识读）。

三、室外给水、排水施工图

1. 室外给水、排水系统简介

（1）室外给水系统简介。室外给水系统是指从取水，经净水、贮水，最后通过配水管网送到用水点（建筑物）的系统。室外给水系统由以下几部分组成。

1）取水构筑物。在水源建造的取水构筑物。

2）一级泵站。从取水构筑物取水，将水送到净水构筑物。

3）净水构筑物。包括反应池、沉淀池、澄清池、快滤池等，对水进行净化处理，使水质达到用水标准。

4）清水池。贮存处理过的净水。

5）二级泵站。将清水加压送至输水管网。

6）输水管。由二级泵站至水塔或配水管网的输水管道。

7）水塔。收集、储备、调节二级泵站与用户之间的水量，并将水压入配水管网。

8）配水管网。是指将水输送至用户的管网。

（2）室外排水系统简介。室外排水系统可分为污水排水系统和雨水排水系统。污水排水系统是指生活污水和工业废水系统，由管道、泵站、处理构筑物及出水口所组成。雨水排水系统由房屋雨水排除管道、厂区或庭院雨水管、街道雨水管道及出水口所组成。

室内排水管道与城市排水管道之间的管道系统，称为庭院排水系统（或厂区排水系统）。

室内污水排出管与庭院排水管道交接处应设检查井。室外排水管道在管道方向改变处、交会处、坡度改变处以及高程改变处都要设置检查井。

污废水在排放前应加以适当处理。污水的局部处理构筑物有化粪池、隔油井、消毒池等。

2. 室外给水、排水施工图的识读

室外给水、排水施工图的内容有管道总平面布置图、管道纵剖面图和管道配件及附属设备图等。

（1）室外给水、排水管道平面图的内容与识读方法。室外给水排水管道平

面图，主要表示一个厂区或街区的给水、排水管网布置情况，阅读的主要内容和方法如下。

1）管道平面布置与走向。通常给水管道用粗实线表示，排水管道用粗虚线表示，检查井用直径为 2 ~ 3 mm 的圆圈表示。给水管道的走向是从大管径到小管径通向建筑物的。排水管道的走向则是从建筑物出来到检查井，管道在各检查井之间沿水流方向从高标高到低标高敷设，管径是从小到大的。

2）室外给水管道要查明消火栓、水表井、阀门井的具体位置。当管道上有水塔、泵站等构筑物时，要查明这些构筑物的位置及管道在构筑物上的布置情况。

3）给水、排水管道的埋深及管径。室外给水、排水管道的标高通常用绝对标高，根据地面标高就可算出管道的埋置深度。

4）检查井的位置和检查井进出管的标高。当排水管道有局部污水处理构筑物时，还要查明这些构筑物的位置，进出管的管径、距离、坡度等，必要时应查看有关详图，从中搞清楚构筑物及其配管情况。

（2）室外给水、排水管道纵剖面图的内容与识读方法。为了详细表示给水、排水管道的纵断面布置情况，有的工程需要绘制管道纵剖面图。这是一种剖面示意图加表格的图样，阅读的主要内容和方法如下。

1）用"图""表"对照的方法，了解管道、检查井的纵断面情况。图样下面的表格中，通常列有检查井编号、井间距离、管径、管底标高、地面标高、管道埋深和管道坡度等数据，看图时要检查这些数据是否正确。如相邻两检查井处管底标高差与两检查井间距之商应等于该管线坡度；又如，某检查井处地面标高与该处管底标高之差应等于埋深。这些数据之间要吻合，一旦产生差错就会给施工造成损失。

2）掌握管道纵剖面图绘制时的特点。由于管道长度方向比管道埋深方向大得多，绘制纵剖面图时，纵横向采用不同的比例。纵向比例根据区域大小常用 1 ： 5 000，1 ： 2 000，1 ： 1 000；横向比例用 1 ： 200，1 ： 100。

（3）管道配件、设备详图的内容与识读方法。室外给水、排水工程详图，主要是表示管道节点、检查井、室外消火栓、阀门井、水塔、水池构件、水处理设备及各种污水处理设备等，其中大部分已制成通用图在地区或全国通用，识读方法与室内给水、排水详图的识读方法相同，这里不再介绍。

【实例 3-4-3】某办公楼室外给水、排水施工图实例

图 3-4-6、图 3-4-7 所示是某地一幢新建办公楼室外给水、排水管道平面图和纵剖面图。

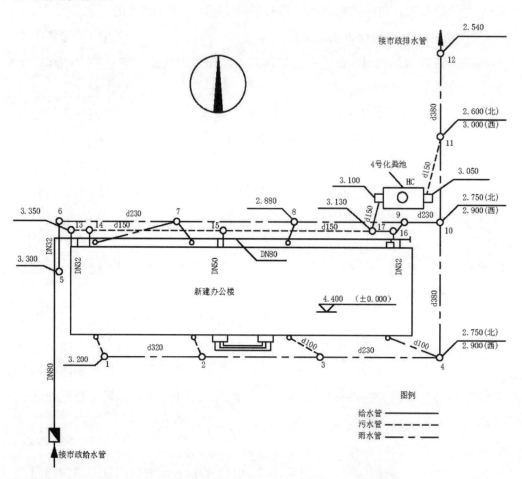

图 3-4-6 室外给水、排水管网平面图

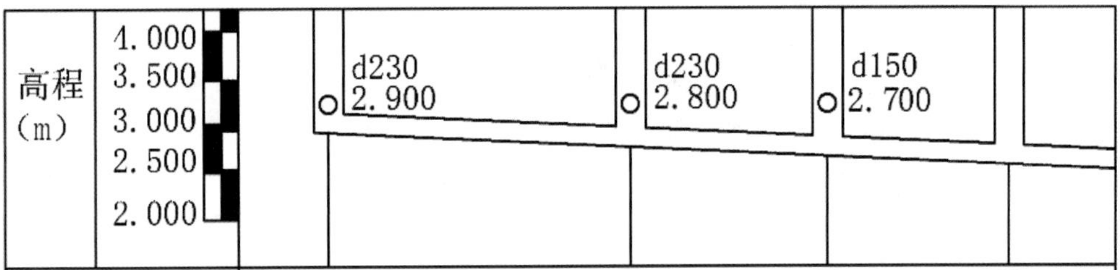

高程 (m)	1.000 3.500 3.000 2.500 2.000	d230 2.900	d230 2.800	d150 2.700	
设计地面标高（m）		4.100	4.100	4.100	4.100
管底标高（m）		2.750	2.660	2.600	2.540
管底埋深（m）		1.350	1.440	1.500	1.560
管径（mm）		d380	d380	d380	
坡度		0.005			
距离（m）		18	12	12	
检查井编号		4	10	14	12
平面图					

图 3-4-7 排水管道纵剖面图

在办公楼外面，围绕办公楼四周布置有三种管道，分别是室外给水管道、室外生活污水管道和室外雨水管道。各种管道均用不同的图例（线型）表示。

室外给水管道在大楼西南由市政给水管接进庭院，连一水表后通向大楼西侧，从西北角转弯向东，管径分别为 DN32、DN50、DN32。

大楼有四处生活污水管道排出管，排出管管径与管道埋深均在室内给水排水管道施工图中表示。生活污水管道平行于大楼北外墙敷设，管径 d150，管道上设有 5 个检查井（编号 13、14、15、16、17），大楼生活污水汇集到 17 号检查井后，排入 4 号化粪池，化粪池的出水管接至 11 号检查井，与雨水管汇合。

室外雨水管收集大楼屋面雨水。大楼南面设四根雨水立管、四个检查井（编号 1、2、3、4），大楼北面设有四根立管、四个检查井（编号 6、7、8、9），大楼西面设一个检查井（编号 5）。南北两条雨水管管径均为 d230。雨水总管自 4 号检查井至 11 号检查井，管径为 d380。污水、雨水汇合后管径仍是 d380，由此向北接市政排水管。雨水管起点检查井的管底标高，1 号检查井 3.200 m，

5 号检查井 3.300 m，总管出口 12 号检查井 2.540 m，其余各检查井管底标高可查看平面图或纵剖面图。

四、采暖施工图

1. 采暖工程系统简介与采暖施工图的组成

（1）采暖工程简介。采暖工程是采用人工的方法向室内供给热能，保持一定的室内温度，创造适宜的生活条件或工作条件的一种技术。采暖工程系统包括热源、热网和热用户三大部分。

热源是制备热媒（热介质）的场所，一般以热水或蒸汽为热媒。目前广泛应用的热源是以燃煤、燃油或燃气为能源的锅炉房和热电厂，此外还有电能、工业余热、核能、地热和太阳能等为采暖的热源。

热网是由热源向热用户输送和分配供热介质的管道系统，主要由管道和管件、阀门、补偿器、支座及相应器具等附件组成。

热用户是指从采暖系统中获得热能的用热装置，如散热器、热风机等。

采暖工程系统根据热源、管网、热媒的输送方式等不同可分为很多类，这里以供热的方式来进行分类。

1）局部采暖系统。热源、管道系统和散热设备在构造上连成一个整体的采暖系统。如电热采暖和燃气采暖，以及火炉、火墙、火炕等。

2）集中采暖系统。锅炉设置在单独的锅炉房内，热量通过管道系统送至一幢或几幢建筑物的采暖系统。

3）区域采暖系统。在热电厂或区域性锅炉房或区域性热交换站加热，通过室外管网将热能输送至城市街坊、住宅小区各建筑物中采暖，或供工厂企业生产之用。

（2）采暖施工图的组成。采暖施工图一般由采暖平面图、采暖系统图（系统轴测图）、设备安装与构造详图组成。采暖施工图的识读方法与给水、排水施工图相似，应按热媒在管内所行走的路径和方向进行识读。

2. 采暖平面图

室内采暖平面图，主要表示采暖管道、附件及散热器在建筑平面图上的位置以及它们之间的相互关系，是施工图中的重要图样。采暖平面图的主要内容与阅读方法如下。

（1）查明供热总干管和回水总干管的出入口位置，了解供热水平干管与回水水平干管的分布位置及走向。图中供热管用粗实线表示，回水管用粗虚线表示。供热管与回水管通常沿墙分布。若采暖系统为上行下回式，则供热水平干管绘在顶层平面图上，供热立管与供热水平干管相连；回水干管绘在底层平面图上，回水立管与回水干管相连。

（2）查看立管编号。立管编号标志是Ⓛn，L 为采暖立管代号，n 为编号（用阿拉伯数字编号）。通过立管编号可知整个采暖系统立管的数量及安装位置。

（3）查看散热器的布置。凡是有供热立管（供热总立管除外）的地方就有散热器与之相连，并且散热器通常都布置在窗口处。了解散热器与立管的连接情况，可知该散热器组由哪根供热立管供热，回水又流入哪根回水立管。

（4）了解管道系统上设备附件的位置与型号。热水采暖系统要查明膨胀水箱与集气罐的位置、连接方式和型号。若为蒸气采暖系统，要查明疏水器的位置及规格尺寸。还要了解供热水平干管和回水水平干管固定支点的位置和数量，以及在底层平面图上管道通过地沟的位置与尺寸等。

（5）看管道的管径尺寸、管道敷设坡度及散热器的片数。供热管的管径规律是入口的管径大，末端的管径小；回水管的管径是起点管径小，出口的回水总管管径大。管道坡度通常只标注水平干管的坡度，散热器的片数通常标注在散热器图例近旁的窗口处。

（6）阅读"设计施工说明"，从中了解设备的型号和施工安装的要求及所采用的通用图等。例如，散热器的类型、管道连接要求、阀门设置位置及系统防腐要求等。

3. 采暖系统图

采暖系统图是表明从供热总管入口直至回水总管出口整个采暖系统的管道、散热设备、主要附件的空间位置和相互连接情况的图样。采暖系统图通常是用正面斜等测方法绘制的。对于采暖系统图，要掌握的主要内容与识读方法如下。

（1）首先沿着热媒流动方向查看供热总管的入口位置，与水平干管的连接及走向，各供热立管的分布，散热器通过支管与立管的连接形式，以及散热器、集气罐等设备、管道固定支点的分布与位置。

（2）从每组散热器的末端起，看回水支管、立管、回水干管，直到回水总干管出口的整个回水系统的连接、走向及管道上的设备附件、固定支点和过地沟的情况。

（3）查看管径、管道坡度、散热器片数的标注。在热水采暖系统中，一般是供热水平干管的坡度顺水流方向越走越高，回水水平干管的坡度顺水流方向越走越低。散热器要看设计说明所采用的类型与规格。

（4）看楼（地）面的标高、管道的安装标高，从而掌握管道安装时在房中的位置。如供热水平干管是在顶层天棚下面还是底层地沟内，回水干管是在地沟里还是在底层地面上等。

4. 设备安装与构造详图

采暖施工图除平面图、系统图等基本图样外，对于某些局部构造及设备的安装方式以及某些设备的制造，还需有放大比例的详图才能表达清楚。设备安装与构造详图是施工图的重要组成部分。采暖系统供热管、回水管与散热器之间的具体连接形式、详细尺寸和安装要求，以及设备和附件的制作、安装尺寸、接管情况，一般都有标准图，无须自己设计，需要时从标准图集中选择索引再加入一些具体尺寸就可以了。施工人员应熟悉识读图中的标准图代号，会查找并掌握这些标准图，记住必要的安装尺寸和管道连接用的管件，以便做到运用自如。通用标准图有以下种类。

1）膨胀水箱和凝结水箱的制作、配管与安装。

2）分气罐、分水器，集水器的构造、制作与安装。

3）疏水管、减压阀、调压板的安装和组成形式。

4）散热器的连接与安装。

5）采暖系统立、支干管的连接。

6）管道支吊架的制作与安装。

7）集气罐的制作与安装等。

作为采暖施工详图，通常只画平面图，系统轴测图中需要表明通用、标准图中没有的局部节点图。

【实例 3-4-4】某办公楼排水管道平面图实例

图 3-4-8 和图 3-4-9 所示是某研究所办公楼底层采暖平面图和采暖系统图。

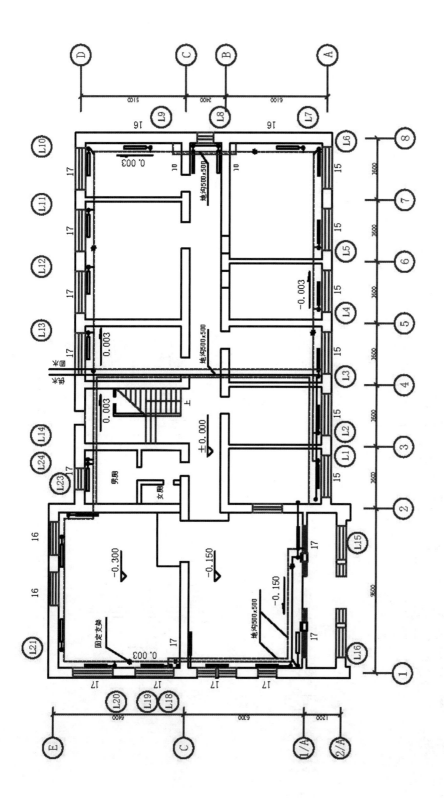

底层采暖平面图　——　1 : 100

图 3-4-8　底层采暖平面图

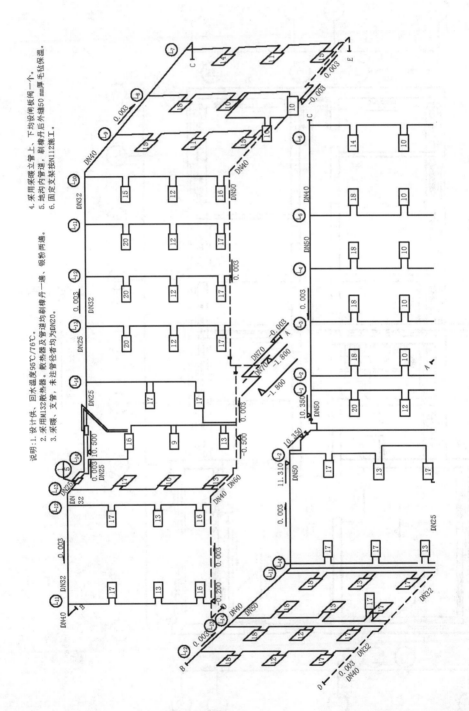

说明：1. 设计供、回水温度95℃/76℃。
2. 采用M132散热器。散热器及管道均刷樟丹一遍、银粉两遍。
3. 采暖、支管，未注管径者均为DN20。
4. 采用采暖立管上、下均设闸阀一个。
5. 地沟内管道，刷樟丹一遍后外缠50 mm厚毛毡保温。
6. 固定支架按N112施工。

图 3-4-9　采暖系统图

（1）采暖平面图

1）供热总管与回水总管的出入口，水平干管的位置。在底层平面图中可见（粗实线是供热管，粗虚线是回水管），供热与回水总管均在④轴墙右侧地沟进出。供热总管进入室内后，直通向前墙（Ⓐ轴），然后向左拐弯穿过两个房间立起（见○符号）上楼；供热干管安装在顶层，回水干管安装在底层。

2）管道上的集气罐、固定支架和管沟的位置。凡是固定支架或管托都在管道上画有"*"号。管沟用两条细虚线表示，并标有管沟断面"高 × 宽"尺寸。图中管沟有三处，断面均为 500 mm × 500 mm。

3）供热干管、回水干管的坡度。如图中标注，均为 0.003。

4）采暖立管编号和每组散热器片数。图中采暖立管（供热总管除外）⑪ ~ ⑭共 24 根。散热器片数均标注在散热器图例旁边的窗口外面或其附近，如⑭上的 15、12、20 等。

（2）采暖系统图

1）可以看出整个系统供热干管在上层，回水干管在下层。这是一个上行下回单管竖直串联采暖系统。

2）供热总管在顶层立管⑪附近分为两根供热水平干管，将整个系统分为左、右两大循环环路，立管编号就是沿这两大环路的热水流向顺序编排的。右环路（流向办公室一侧）的立管由⑪到⑭止，左环路（流向活动室）的立管由⑭到⑭止。在两个环路终点各设一个横式集气罐，集气罐排气管引向三层厕所中。

3）所有立管都是单侧竖直串联散热器。每组散热器的片数标注在散热器的方框（图例）内，如⑭串联的散热器由底层到三层分别为 15 片、12 片、20 片。

4）供热总管由标高 –1.80 m 地下进入室内，然后抬起到标高 –0.30 m 在地沟敷设直到立起上顶层，这段管径为 DN70。分为两路的起点标高都是 10.35 m，管径均为 DN50；敷设坡度与热水流动方向相反，均为 0.003。

5）回水水平干管的起点，右环路在⑪立管的下端，左环路在⑭立管的下端，最后交会于⑭立管附近和供热总管一道出楼，这种供热水与回水在流向和流程上相同的布置形式，称作同流同程式采暖。

6）回水水平干管的安装起点标高。右环路起点标高为 0.20 m，说明了掉在走廊的门口处管道进入管沟标高为 –0.30 m 外，其余都是在一层地上敷设，管径由 DN25 至 DN50，坡度与回水水流方向一致，为 0.03。左环路起点标高为 –0.50 m（门厅地面为 –0.15 m），这段管道在门厅管沟内，进入餐厅管道抬起，安装在地面以上，标高为 –0.20 m（餐厅地面为 –0.30 m），在厕所又进入管沟，最后与右环路回水汇合，下到标高 –1.80 m 出楼；管道坡度与右环路相同，管径如图中标注。

五、室内电气照明施工图

1. 建筑电气系统简介与室内电气照明施工图的组成

（1）建筑电气系统简介。建筑电气系统由照明系统、变配电系统、动力系统、电气设备控制系统、防雷与接地系统等组成。

（2）室内电气照明施工图的组成。室内电气照明施工图由电气照明平面图、配电系统图、安装详图等组成。

2. 电气照明平面图

电气照明平面图表明进户点、配电箱、配电线路、灯具、开关及插座等的平面位置及安装要求。每层都应有平面图，但有标准层时可以用一张标准层平面图表示相同各层的平面布置。

平面图是表示电气线路和电气设备的平面布置，也是进行电气安装的重要依据。平面图表示电气线路中各种设备的具体情况、安装位置和连线方式，但不表示电气设备的具体形状。平面图具体包括以下内容。

（1）建筑物的平面布置、轴线分布、尺寸及图样比例。

（2）各种变配电设备的编号、名称。

（3）各种用电设备的名称、型号及其在平面图上的位置。

（4）各种配电线路的起点、敷设方式、型号、规格和根数以及在建筑物中的走向、平面和垂直位置。

（5）建筑物和电气设备防雷、接地的安装方式以及在平面图上的位置。

3. 电气照明系统图

电气照明系统图又称为配电系统图。系统图用单线绘制，图中虚线所框的范围为一个配电盘或配电箱。各配电盘、配电箱应标明其编号及所用的开关、熔断器等电器的型号、规格。配电干线及支线应用规定的文字符号标明导线的型号、截面、根数、敷设方式（如穿管敷设还要标明管材和管径）。电气工程图对于设备的安装方法、质量要求以及使用维修方面的技术要求等往往不能完全表达，所以在识读图样时，有关安装方法、技术要求等问题应参照相关图集和规范。

4. 安装详图

安装详图多以国家标准或各设计单位自编的图集作为选用的依据。详图的比例一般比较大，一定要根据现场情况，结合设备、构件尺寸详细绘制。

（1）电气工程详图。指配电柜（盘）的布置图和某些电气部件的安装大样图，图中对安装部件的各部位注有详细尺寸。电气工程详图一般是在没有标准图可选用并有特殊要求的情况下才绘制。

（2）标准图。是通用性详图，表示一组设备或部件的具体图形和详细尺寸，以便于安装。

【实例 3-4-5】某办公楼室内电气照明施工图实例

图 3-4-10 所示为底层照明平面图，图 3-4-11 所示为室内电气照明系统图。

（1）底层照明平面图（见图 3-4-10）。电源由二楼引入，用两根 BLX 型（耐压 500 V）截面为 6 mm² 的导线，穿 VG20 塑料管沿墙暗敷，由配电箱引 3 条供电回路 N1、N2、N3 和一条备用回路。N1 回路照明装置有 8 套 YG2 单管 40 W 日光灯，悬挂高度距地 3.00 m，悬吊方式为链吊；两套 YG2 日光灯为双管 40 W，悬挂高度为 3.00 m，悬挂方式为链吊。日光灯均装有对应的开关。带接地插孔的单相插座有 5 个。N2 回路与 N1 回路相同。N3 回路装有 3 套 100 W、两套 60 W 的大棚灯和两套 100 W 壁灯，灯具装有相应的开关，带接地插孔的单相插座有两个。

（2）室内电气照明系统图（见图 3-4-11）。进户线用 4 根 BLX 型、耐压为 500 V、截面为 16 mm² 的导线从户外引入，三根相线接三刀单投胶盖刀开关（规格 HK1-30/3），接入三个插入式熔断器（规格 RC1A-30/25）。将 A、B、C 三相各带一根零线引到分配盘，A 相到达底层分配电盘，通过双刀单投胶盖刀开关（规格 HK1-15/2）、插入式熔断器（规格为 RC1A-15/15），再分 N1、N2、N3 和一个备用支路，分别通过规格为 HK1-15/2 的胶盖刀开关和规格为 RC1A-

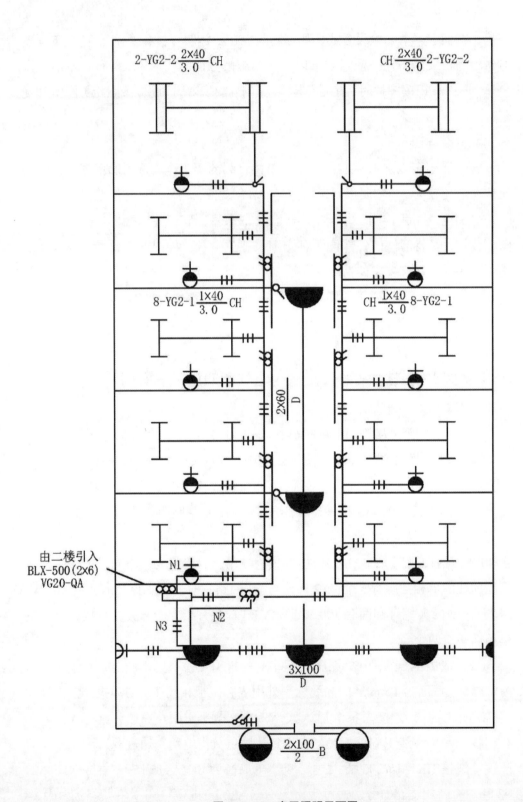

图 3-4-10　底层照明平面图

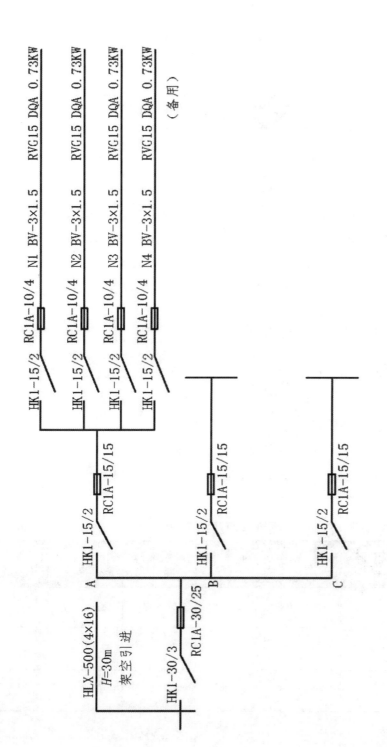

图 3-4-11　电气系统图

10/4 的熔断器，各线路用直径为 15 mm 的软塑管沿地板墙暗敷，管内穿 3 根截面为 1.5 mm² 的铜芯线。

第5节　建筑制图标准

为了做到房屋建筑图样格式基本统一、清晰简明，保证图面质量，提高制图效率，使图样符合设计、施工、存档等要求，以适应工程建设的需要，制图时必须严格遵守国家颁布的制图标准。本节介绍《房屋建筑制图统一标准》（GB/T 50001—2017）与《技术制图》（GB/T 14689—2008）中有关图纸幅面、图线、字体、比例及尺寸标注等内容。制图标准其余内容将在后面章节中结合专业工程图的内容进行介绍。

一、图纸幅面、格式与图样排列顺序

1. 图纸幅面及图框尺寸

应优先采用表 3-5-1 所规定的图纸基本幅面及图框尺寸来绘制技术图样。在必要时，也允许选用所规定的加长幅面。这些幅面的尺寸是由基本幅面的短边成整数倍增加后得出。

表 3-5-1　图纸幅面及图框尺寸　　mm

尺寸代号 ＼ 幅面代码	A0	A1	A2	A3	A4
$B \times L$	841×1198	594×841	420×594	297×420	210×297
e	20	20	10	10	10
c	10	10	10	5	5
a	25	25	25	25	25

2. 图框格式

（1）在图纸上必须用粗实线画出图框。图框有两种格式，分别为留有装订边和不留装订边。但同一产品的图样只能采用一种格式。

（2）留有装订边的图纸，其图框格式如图 3-5-1 所示，尺寸按表 3-5-1 的规定。

（3）不留装订边的图纸，其图框格式，将图 3-5-1 中的尺寸 a 和 c 都改为表 3-5-1 中的尺寸 e 即可。

（4）对中符号。为了使图样复制和缩微摄影时定位方便，对表 3-5-1 所列各号图纸，均应在图纸各边长的中点处分别画出对中符号。对中符号用粗实线绘制，线宽不小于 0.5 mm，长度从纸边界开始至伸入图框内约 5 mm，如图 3-5-1 所示。

3. 标题栏与会签栏

（1）每张图纸上都必须画出标题栏。标题栏位于图纸的右下角，看图的方向与看标题栏的方向一致。如图 3-5-1 所示是标题栏会签栏的位置。

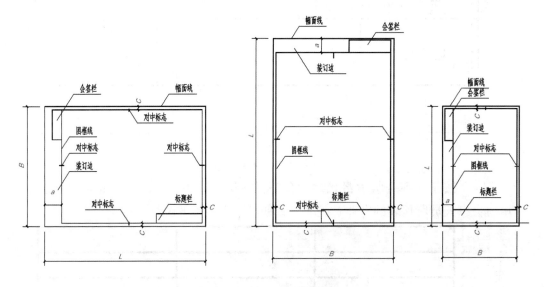

图 3-5-1　图纸幅面格式及尺寸代号

（2）为了利用预先印制的图纸，允许将图纸放倒使用，即标题栏允许按图 3-5-2 所示的样式使用。可以在图纸下边对中符号处画一个方向符号，以明确绘图与看图时的图纸方向。

111

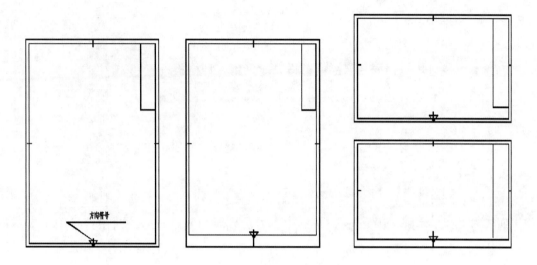

图 3-5-2 图纸的方向符号

（3）标题栏（简称图标）图标长边的长度是 180 mm，短边的长度最好采用 40 mm、30 mm、50 mm。图标需按照图 3-5-3 所示的格式分区。

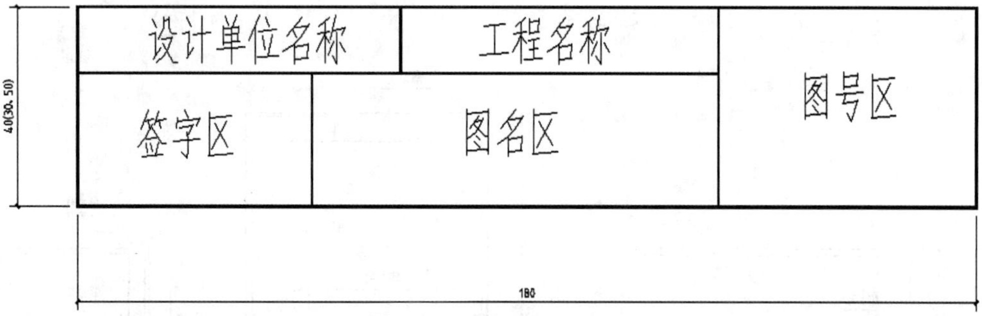

设计单位名称	工程名称	图号区
签字区	图名区	

40(30、50)

180

图 3-5-3 标题栏

（4）按图 3-5-4 所示格式绘制会签栏，尺寸应为 75 mm×20 mm，栏内应填写会签人员所代表的专业、姓名、日期。不需会签的图纸，可不设会签栏。

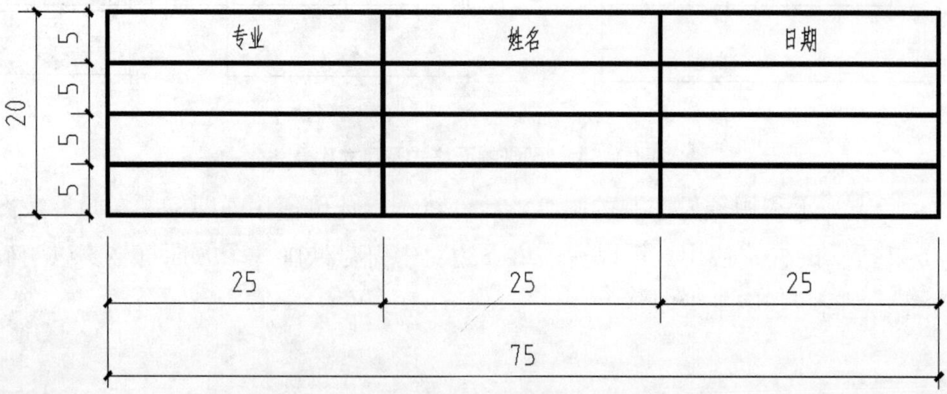

专业	姓名	日期

20

5、5、5、5

25　25　25

75

图 3-5-4 会签栏

4. 图纸编排顺序

工程图纸应按专业顺序编排，一般应为图纸目录、总图及说明、建筑图、结构图、给水排水图、采暖通风图、电气图、动力图等。以某专业为主体的工程，应突出该专业的图纸。各专业的图纸，应按图纸内容的主次关系排列。

二、图线

为了在工程图样上表示出图中的不同内容，并且能够分清主次，绘图时，必须选用不同的线型和不同线宽的图线。工程建设制图选用的线型见表 3-5-2。

表 3-5-2　　　　　　　　　　线型

名称	线型		宽度	用途
实线	粗	———	b	（1）主要可见轮廓线 （2）平、剖面图中主要构配件断面的轮廓线 （3）建筑立面图中外轮廓线 （4）详图中主要部分的断面轮廓线和外轮廓线 （5）总平面图中新建建筑物的可见轮廓线
	中	———	$0.5b$	（1）建筑平、立、剖面图中一般构配件的轮廓线 （2）平、剖面图中次要断面的轮廓线 （3）总平面图中新建道路、桥涵、围墙及其他设施的可见轮廓线和区域分界线 （4）尺寸起止符号
	细	———	$0.35b$	（1）总平面图中新建人行道、排水沟、草地、花坛等可见轮廓线，原有建筑物、铁路、道路、桥涵、围墙的可见轮廓线 （2）图例线、索引符号、尺寸线、尺寸界线、引出线、标高符号、较小图形的中心线
虚线	粗	- - - -	b	（1）新建建筑物的不可见轮廓线 （2）结构图上不可见钢筋及螺栓线
	中	- - - - -	$0.5b$	（1）一般不可见轮廓线 （2）建筑构造及建筑构配件不可见轮廓线 （3）总平面图计划扩建的建筑物、铁路、道路、桥涵、围墙及其他设施的轮廓线 （4）平面图中吊车轮廓线
	细	- - - - - - -	$0.35b$	（1）总平面图上原有建筑物和道路、桥涵、围墙等设施的不可见轮廓线 （2）结构详图中不可见钢筋混凝土构件轮廓线、图例线

续表

名称		线型	宽度	用途
点画线	粗	—— · —— · ——	b	（1）吊车轨道线 （2）结构图中的支撑线
	中	— · — · —	$0.5b$	土方填挖区的零点线
	细	— · — · —	$0.35b$	分水线、中心线、对称线、定位轴线
双点画线	粗	—— · · —— · · ——	b	预应力钢筋线
	细	— · · — · · —	$0.35b$	假想轮廓线、成型前原始轮廓线
折断线		——／＼——	$0.35b$	不需画全的断开界线
波浪线		～～～～	$0.35b$	需画全的断开界线

从下列线宽系列中选取图线的宽度 b：0.18，0.25，0.35，0.5，0.7，1.0，1.4，2.0 mm。

每个图样都应根据复杂程度与比例大小，先确定线宽 b，再选用表 3-5-3 中适当的线宽组。图 3-5-5 所示是图线在圆管剖面图上应用的例子。

表 3-5-3　　　　　　　　　　　线宽组　　　　　　　　　　　mm

线宽比	线宽组					
b	2.0	1.4	1.0	0.7	0.5	0.35
$0.5b$	1.0	0.7	0.5	0.35	0.25	0.18
$0.35b$	0.7	0.5	0.35	0.25	0.18	

114

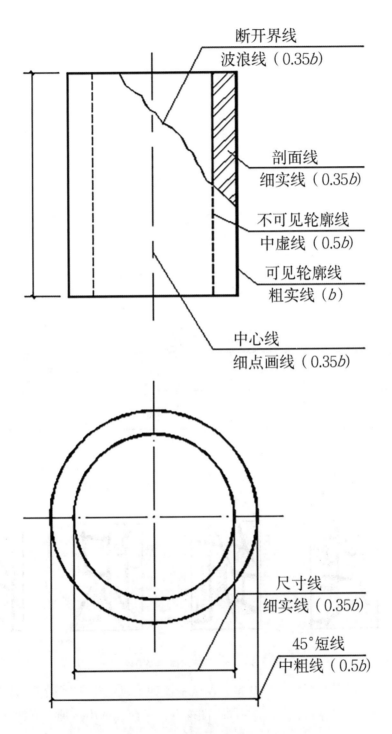

图 3-5-5　图线应用示例

三、字体

在图样上除了显示图形外，还要用数字和文字来表明图形的大小尺寸和技术要求。对此，国家标准《技术制图 字体》（GB/T 14691—1993）有以下要求。

1. 书写必须做到字体工整、笔画清楚、间隔均匀、排列整齐。

2. 字体高度（h）的公称尺寸系列为：1.8 mm，2.5 mm，3.5 mm，5 mm，7 mm，10 mm，14 mm，20 mm。字体高度代表字体的号数。

3. 汉字应写成长仿宋体字，并应采用国务院正式公布推行的简化字。

汉字的高度（h）不应小于 3.5 mm，其字宽一般为 $h/\sqrt{2}$，见表 3-5-4 和图 3-5-6；字例如图 3-5-7 所示。

表 3-5-4　　　　　　　长仿宋体字高宽关系　　　　　　　mm

字高	20	14	10	7	5	3.5
字宽	14	10	7	5	3.5	2.5

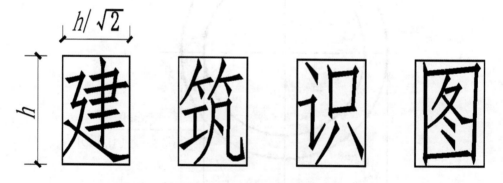

图 3-5-6　长仿宋体字高宽示例

4. 字母和数字分 A 型和 B 型。A 型字体的笔画宽度为字高的 1/14。B 型字体的笔画宽度为字高的 1/10。在同一图样上，只允许选用一种类型的字体。

剖 面 详 图 结 构 施 说 明 比 例
尺 寸 长 宽 高 厚 砖 瓦 木 石 土
砂 浆 水 泥 钢 筋 混 凝 截 校 梯
工 业 民 用 建 筑 厂 房 屋 平 立
门 窗 基 地 楼 柱 梁 标 厕 审 期

图 3-5-7　长仿宋体字示例

5. 字母和数字可写成斜体或直体角。

6. 斜体字字头向右斜，与水平基准线成 75° 角。

数字及字母 A 型斜体字的笔序、书写形式示例，如图 3-5-8 所示。

阿拉伯数字及其书写笔序

大写英文字母

小写英文字母

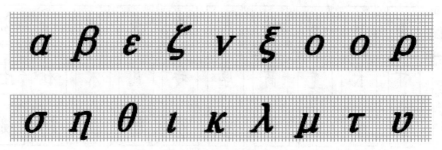

小写希腊字母

罗马数字

图 3-5-8　A 型斜体数字、字母示例

四、比例

图样比例可以参考国家标准《技术制图　比例》(GB/T 14690 —1993) 规定。

1. 比例是指图中图形与其实物相应要素的线性尺寸之比。比值为 1 的比例为原值比例，比值大于 1 的比例为放大比例，比值小于 1 的比例为缩小比例。

2. 需要按比例绘制图样时，应从表 3-5-5 规定的系列中选取适当的比例。

表 3-5-5　　　　　　　　　　首选比例

种类	比例
原值比例	1：1
放大比例	2：1，5：1，1×10^{n}：1，2×10^{n}：1，5×10^{n}：1
缩小比例	1：2，1：5，1：1×10^{n}，1：2×10^{n}，1：5×10^{n}

注：n 为正整数。

3. 必要时，也允许选用表 3-5-6 中的比例。

表 3-5-6　　　　　　　　　　　　　可用比例

种类	比例
放大比例	$4:1$，$2.5:1$，$4 \times 10^n:1$，$2.5 \times 10^n:1$
缩小比例	$1:1.5$，$1:2.5$，$1:3$，$1:4$，$1:6$，$1:1.5 \times 10^n$， $1:2.5 \times 10^n$，$1:3 \times 10^n$，$1:4 \times 10^n$，$1:6 \times 10^n$

注：n 为正整数。

4. 标注比例应以符号"："表示。如 $1:1$，$1:500$，$20:1$ 等。

5. 比例一般应标注在标题栏的比例栏内。必要时，可标注在视图名称的右侧或下方，如图 3-5-9 所示。

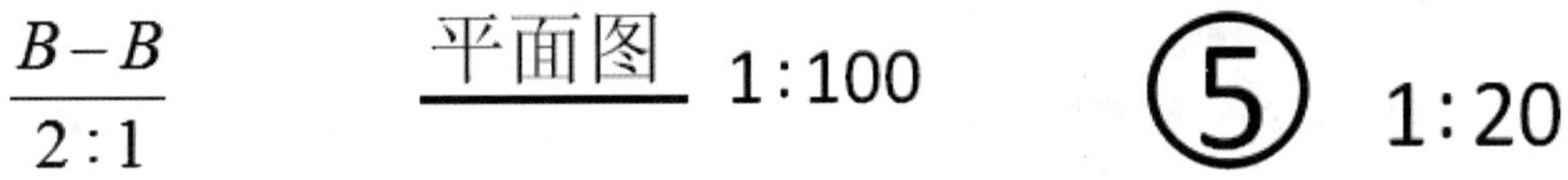

$$\frac{B-B}{2:1} \qquad \underline{平面图} \; 1:100 \qquad ⑤ \; 1:20$$

图 3-5-9　比例的注法

必要时，允许在同一视图中的铅垂和水平方向标注不同的比例（但两种比例的比值不应超过 5 倍），如：

河流横剖面　铅垂方向1：1000
水平方向1：2000

五、尺寸标注

尺寸是图样的重要组成部分，是施工的依据。因此，标注尺寸必须认真细致，注写清楚，字体规整，完整正确。

1. 尺寸界线、尺寸线及尺寸起止符号

（1）图样上的尺寸，由尺寸界线、尺寸线、尺寸起止符号和尺寸数字组成，如图 3-5-10 所示。

（2）尺寸界线采用细实线绘制，一般应与被标注长度垂直，其一端要离开图样轮廓线不小于 2 mm，另一端宜超出尺寸线 2 ~ 3 mm，如图 3-5-11 所示。必要时，图样轮廓线可用作尺寸界线。

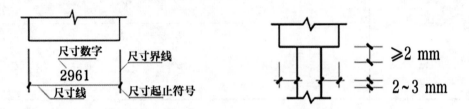

图 3-5-10 尺寸的组成　　　　　　　图 3-5-11 尺寸界线

（3）尺寸线采用细实线绘制，应与被注长度平行，且不宜超出尺寸界线。任何图线均不得用作尺寸线。

（4）尺寸起止符号一般采用中粗斜短线绘制，其倾斜方向应与尺寸界线成顺时针 45° 角，长度为 2 ~ 3 mm。

半径、直径、角度与弧长的尺寸起止符号，宜用箭头表示，如图 3-5-12 所示。

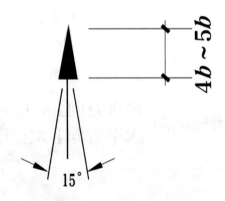

图 3-5-12 箭头尺寸起止符号

2. 尺寸数字

（1）图样上的尺寸，应以尺寸数字为准，不得从图上直接量取。

（2）图样上的尺寸单位，除标高及总平面图以米（m）为单位外，均须以毫米（mm）为单位。

（3）尺寸数字的读数方向，应按图 3-5-13a 的形式注写。若尺寸数字在 30° 斜线区内，宜按图 3-5-13b 的形式注写。

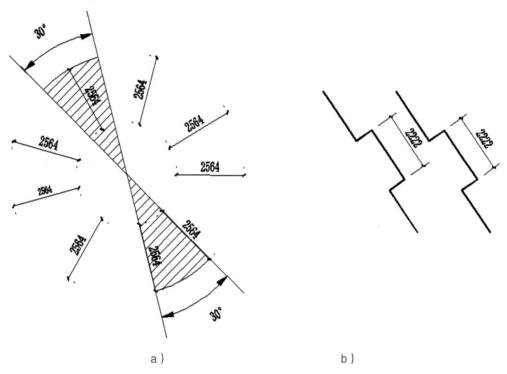

a）　　　　　　　　　　　　　　　　b）

图 3-5-13　尺寸数字的读数方向

（4）尺寸数字应根据其读数方向注写在靠近尺寸线的上方中部；如果没有足够的注写位置，最外边的尺寸数字可注写在尺寸界线的外侧，中间相邻的尺寸数字可错开注写，也可引出注写，如图 3-5-14 所示。

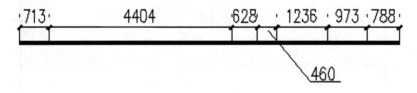

图 3-5-14　尺寸数字的注写位置

3. 尺寸的排列与布置

（1）尺寸宜标注在图样轮廓线以外，不宜与图线、文字及符号等相交，如图 3-5-15 所示。

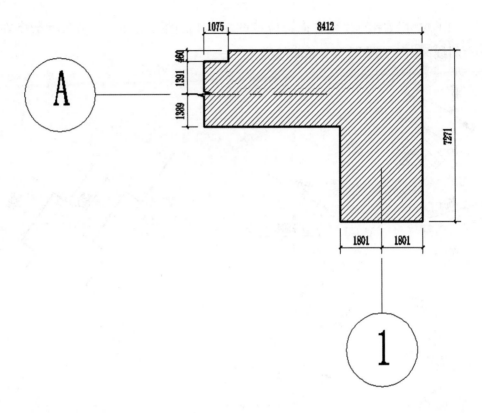

图 3-5-15　尺寸不宜与图线相交

（2）图线不得穿过尺寸数字；如不可避免时，应将尺寸数字处的图线断开，如图 3-5-16 所示。

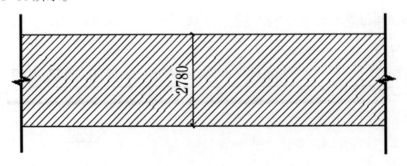

图 3-5-16　尺寸数字处的图线应断开

（3）互相平行的尺寸线，应从被注的图样轮廓线由近向远整齐排列，小尺寸应离轮廓线较近，大尺寸应离轮廓线较远，如图 3-5-17 所示。

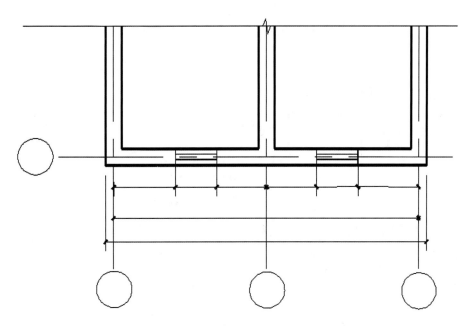

图 3-5-17　尺寸的排列

4. 半径、直径、球的尺寸标注

（1）半径的尺寸线，应一端从圆心开始，另一端画箭头指至圆弧。半径数字前应加注半径符号"R"，如图 3-5-18 所示。

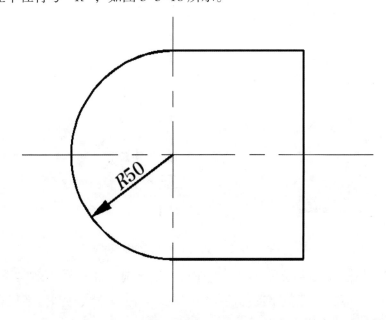

图 3-5-18　半径标注方法

较小圆弧的半径和较大圆弧的半径，可按图 3-5-19 的形式标注。

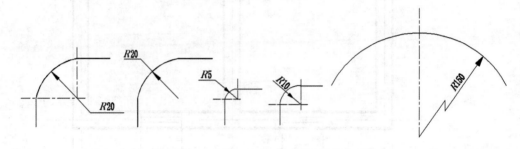

图 3-5-19　小、大圆弧半径的标注方法

（2）标注圆的直径尺寸时，直径数字前应加符号"∅"。在圆内标注的直径尺寸线应通过圆心，两端画箭头指至圆弧。较小圆的直径尺寸，可标注在圆外。圆直径尺寸的标注方法如图 3-5-20 所示。

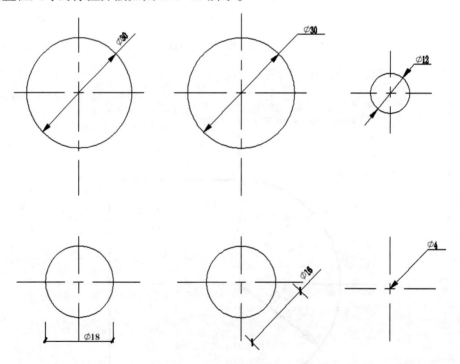

图 3-5-20　圆及小圆直径的标注方法

（3）标注球的半径尺寸时，应在尺寸数字前加注符号"*SR*"。标注球的直径尺寸时，应在尺寸数字前加注符号"*S∅*"。注写方法与圆弧半径和圆直径的尺寸标注方法相同。

5. 角度、坡度的标注

（1）角度的尺寸线，应以圆弧线表示。该圆弧的圆心应是该角的顶点，角的两个边为尺寸界线。角度的起止符号应以箭头表示，如位置不够可用圆点代替。角度数字应以水平方向注写，如图 3-5-21 所示。

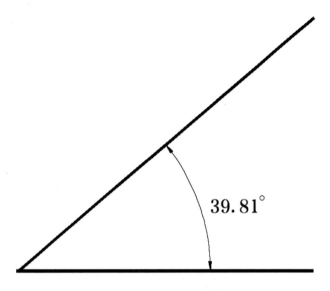

图 3-5-21　角度标注

（2）标注坡度时，在坡度数字下应加注坡度符号，坡度符号的箭头一般应指向下坡方向，如图 3-5-22 所示。

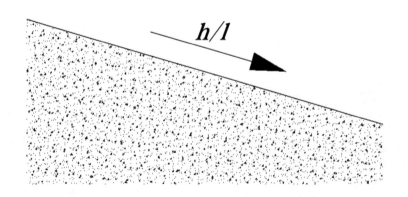

图 3-5-22　坡度标注

第 4 章　④
实体模型创建

第 1 节　Revit Architecture 基础操作

本节将介绍 Revit Architecture 的视图工具和常用编辑，使读者熟悉操作知识，进一步了解 Revit Architecture 的操作模式。

一、视图工具

Revit Architecture 常用的视图工具包含项目浏览器、视图导航、ViewCube的使用和视图控制栏，如图 4-1-1 所示。

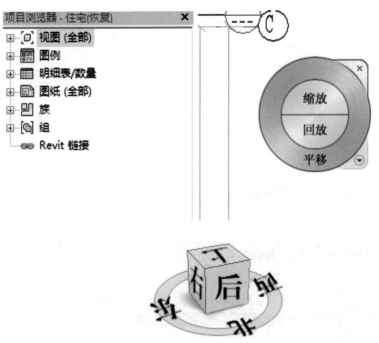

图 4-1-1　视图工具

二、项目浏览器

项目浏览器用于组织和管理当前项目中包含的所有信息，包括项目中所有视图、图例、图纸、明细表、族等。

单击"项目浏览器"右上角的 × 按钮，可以关闭项目浏览器。单击"视图—用户界面—项目浏览器"，这时"项目浏览器"又重新回到了操作界面中，单击"项目浏览器"上表头空白位置，拖住鼠标左键不放，可以根据用户的习惯将其放在合适的位置。

单击"项目浏览器"视图类别中的"+"展开视图类别项目；单击"楼层平面"前面的"+"，将出现项目中所有的平面视图，包括详图和场地。

同样，单击"项目浏览器"视图类别中"立面"前面的"+"，将出现项目中所有的立面视图，包括立面的详图索引。

单击"视图"选项卡出现"视图"工具，单击"用户界面"出现下拉菜单，在下拉菜单中单击"浏览器组织"，打开"浏览器组织"对话框，该对话框中有"视图""图纸"两个选项卡，如图 4-1-2 所示。列表为当前定义的浏览器组织，选中项为当前正在使用的组织，使用右侧按钮定义新浏览器组织或编辑新浏览器组织。

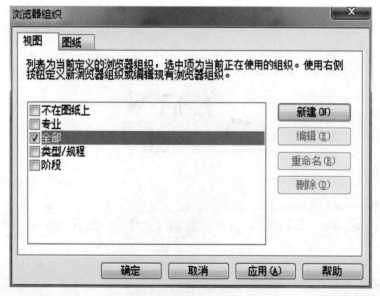

图 4-1-2　浏览器组织

三、视图导航

Revit Architecture 为用户操作界面提供了多种导航工具，可以对视图进行平移、缩放等操作，方便用户对视图的观察。

视图导航的使用有以下两种方法。

1. 在工作平面上单击视图导航的图标，通过滑动鼠标来实现缩放和平移，如图 4-1-3 所示。

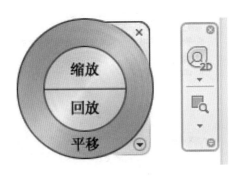

图 4-1-3　视图导航

通过鼠标左键单击"平移"按钮，按住鼠标左键不放滑动鼠标，可以移动观察视图，缩放同理。

2. 通过鼠标中键滑动鼠标滚轮来实现缩放视图。按住鼠标滚轮不放，滑动鼠标来实现平移视图。

在这里建议用户使用第二种方法，这样可提高工作效率，方便操作。

用户可根据个人情况对视图导航工具进行设置。单击"应用程序"按钮出现下拉菜单，单击右下角"选项"出现列表，找到"SteeringWheels"，通过这里的设置，用户可以根据自己的习惯进行调整，如图 4-1-4 所示。

图 4-1-4　SteeringWheels 选项卡

四、ViewCube 的使用

视图导航是基于项目平面与立面及剖面等的观察，ViewCube 是基于三维视图的观察，在这里参考以下视图，以熟悉 ViewCube 的使用。

ViewCube 的使用方法分为两种：第一种方法是基于鼠标点击 ViewCube 图标上的视图工具来实现三维的转换视角，如图 4-1-5 所示；第二种方法是按住键盘 Shift+ 鼠标中键，通过旋转鼠标来实现三维视图的视角转换。在这里建议用户使用第二种方法。

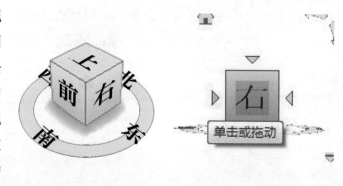

图 4-1-5　ViewCube

第 2 节 标高和轴网的创建与绘制

一、创建标高和轴网

在 Revit Architecture 中，标高和轴网是建筑模型在平、立、剖面视图中定位的重要依据，二者存在密切关系。建议先创建标高，再创建轴网。这样在立面视图中轴线的顶部端点将自动位于屋顶层平面处，也就是屋顶层标高线之上，轴线与所有标高线相交，所绘制的轴网会在所有楼层平面视图中显示。

之所以先创建标高后创建轴网，是因为在建筑四个正立面上只能看到部分轴线，无法将所有轴线显示出来，而将轴网标头调整到最顶层的标高之上，之后再创建的平面视图中将显示所有轴线。

步骤 1：安装并启动 Revit Architecture。安装 Revit Architecture，单击 Windows 开始菜单→所有程序→ Autodesk → Revit Architecture → Revit Architecture 命令，也可以直接双击 Revit Architecture 快捷图标，来启动 Revit Architecture。

步骤 2：单击"项目样板"（如建筑样板），如图 4-2-1 所示，进入 Revit Architecture 的工作界面。

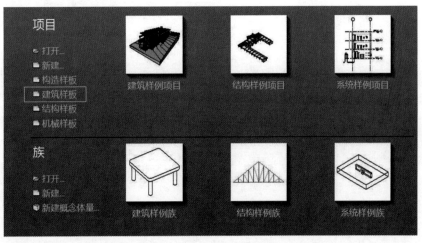

图 4-2-1 Revit Architecture 面板

步骤 3：在 Revit Architecture 中绘制"标高"。在项目浏览器中单击立面视图工具（建筑立面），Revit Architecture 会自动切换到南立面视图，从中可以看到 Revit Architecture 中自带的标高符号：标高 1 和标高 2。

用鼠标左键单击左上角的类型属性，出现"类型属性"对话框（见图 4-2-2），将标高轴线末段颜色改为红色；轴线末段填充图案默认的是中心线，在此将它改为轴网线。勾选平面视图轴号端点 1 处的默认符号，这样符合日常作图习惯。双击标高 1 可以修改标高处的标头为 F1。这时候会自动提示"是否希望重命名相应视图"，单击"是"，标头就会被修改为 F1。其他标头注释与 F1 相同。

图 4-2-2　轴网属性

步骤 4：修改 Revit Architecture 标高。修改标高符号上的数字（见图 4-2-3），Revit Architecture 会自动将标高线变换到需要的位置。

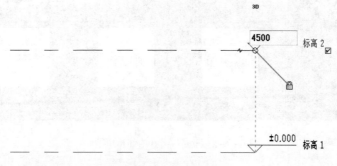

图 4-2-3　标高

步骤 5：单击 F2 标高，输入快捷键 "CC"（复制），在 F2 处的标高已经被蓝色的线框勾选出来，如图 4-2-4 所示。在进行复制时必须勾选 "约束" 及 "多个"，输入需要的距离和层高，在 F2 处找一个基点拖曳鼠标到需要的方向，开始复制。

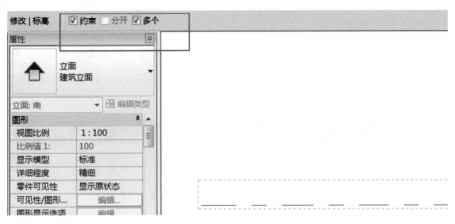

图 4-2-4　标高复制

步骤 6：单击需要修改上标头与下标头的标高（见图 4-2-5），这时 "属性" 面板就会出现所选图元的属性信息，将标头修改为需要的内容即可。

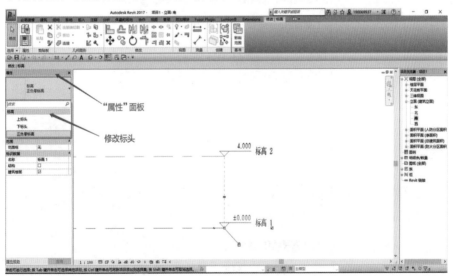

图 4-2-5　修改标头

二、楼层平面视图的添加

步骤1：切换到"视图"选项卡，单击"平面视图"工具（见图4-2-6），这时会出现下拉菜单。

步骤2：单击"楼层平面"出现"新建楼层平面"对话框，选中需要添加的全部楼层平面，单击"确定"按钮，这样，所绘制的新的标高就会被添加到楼层平面视图中。

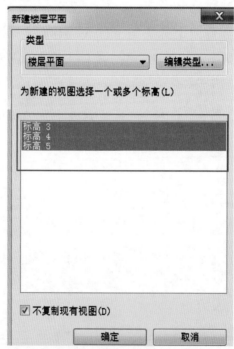

图4-2-6　楼层添加

三、绘制"轴网"

步骤 1：在平面视图和立面视图中手动调整轴线标头位置。和标高编辑方法一样，选择任意一根轴线，会显示临时尺寸、一些控制符号和复选框（见图 4-2-7），在此可以编辑尺寸值，单击并拖曳控制符号以整体或单独调整标高、标头位置，控制标头隐藏或显示、标头偏移等操作。

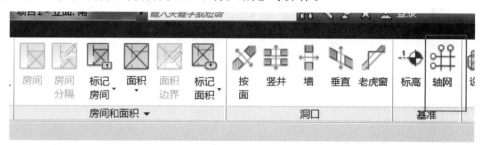

图 4-2-7　轴网编辑

步骤 2：绘制一条纵向轴线，看到其编号为 1（见图 4-2-8），单击轴线 1 选中该轴线，输入快捷键"CC"（复制），将鼠标移动到需要的方向，通过输入距离复制其他轴线。

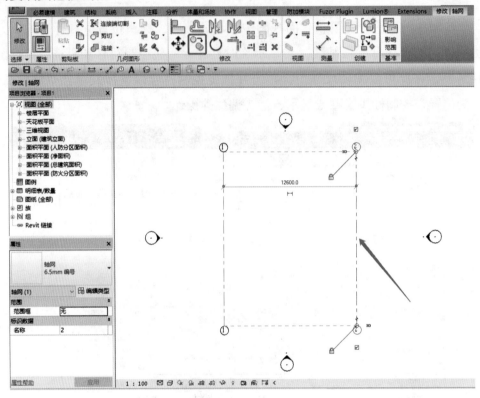

图 4-2-8　轴网复制

步骤 3：通过"注释"选项卡中的"对齐"命令查看轴网的间距是否一致，如图 4-2-9 所示。

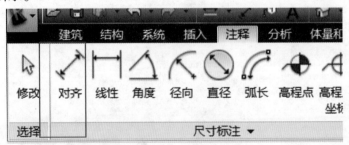

图 4-2-9　"对齐"命令

步骤 4：选中轴网（或标高），当高亮显示时其旁边会出现"3D"，说明它与其他视图上的同类图元所关联，在修改的时候只需要将任意视图上的轴网或者标高进行调整，其他视图上的同类图元也会自动编辑。3D 编辑会影响其他同类图元，但不影响 2D 图元。也就是说，将注释图元裁剪为 2D 再进行编辑时，将不会对其他视图造成影响。轴网关联如图 4-2-10 所示。

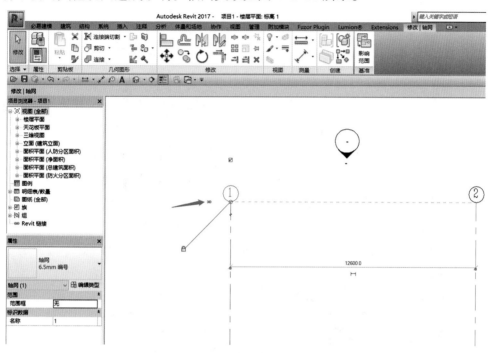

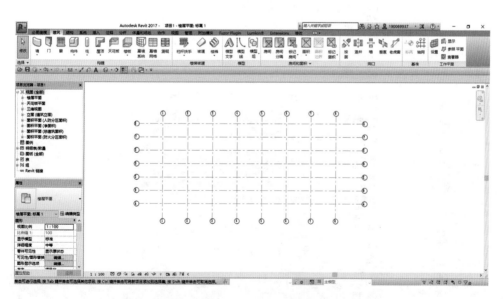

图 4-2-10　轴网关联

第3节　创建墙体

一、墙体的创建

单击"建筑"选项卡→"墙体"工具（快捷键为"WA"）→"建筑墙"→选择"常规 –200 mm"→单击"编辑类型"→"复制"→重命名"地下外墙"→单击"确定"，然后在平面视图中进行墙体的绘制，如图 4-3-1 所示。

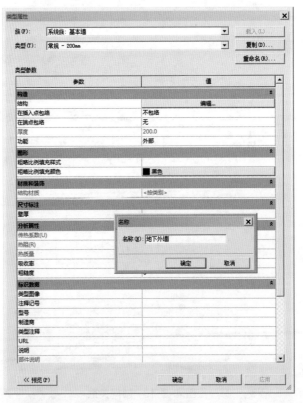

图 4-3-1　墙体创建

二、墙体参数设置

在左边的"属性"面板中可以对墙体的约束参数进行设置、修改，或者在"属性"面板中上方的参数栏进行修改，如图 4-3-2 所示。

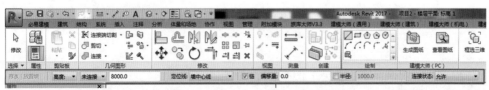

图 4-3-2 墙体参数设置

第4节 门、窗与幕墙的绘制

一、门的绘制

步骤1：切换至楼层平面视图，如图4-4-1所示。

步骤2：单击"建筑"选项卡下的"门"命令（快捷键为"DR"），会出现门的属性类型，可以对其进行"编辑类型"，也可以载入系统附带的族文件。

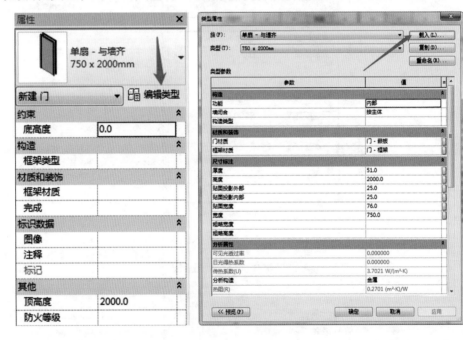

图 4-4-1　门的绘制

二、窗的绘制

步骤1：切换至F1楼层平面视图，如图4-4-2所示。

步骤2：单击"建筑"选项卡下的"窗"命令（快捷键为"WN"），会出现窗的属性类型，可以对其进行"编辑类型"，也可以载入系统附带的族文件。

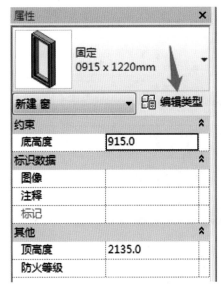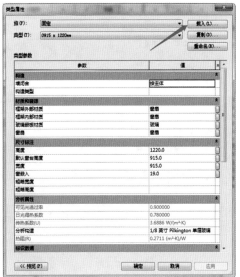

图 4-4-2　窗的绘制

三、幕墙的绘制

步骤 1：切换至 F1 楼层平面视图，用参照平面功能确定所需幕墙位置。确定辅助线的位置后单击墙建筑工具下的幕墙，如图 4-4-3 所示。

步骤 2：选中墙，然后将鼠标拖入需要的位置开始绘制。

步骤 3：选中幕墙→编辑类型→勾选"自动嵌入"，如图 4-4-4 所示。

步骤 4：切换至三维视图查看，选中该幕墙（见图 4-4-5），制作幕墙的横竖梃。

步骤 5：选择隔离图元，隔离出幕墙，单击幕墙网格开始分割。分割为四块之后添加横竖梃，如图 4-4-6 所示。

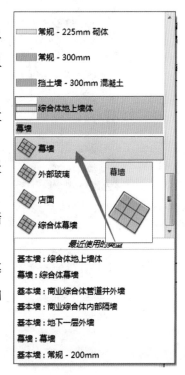

图 4-4-3　幕墙

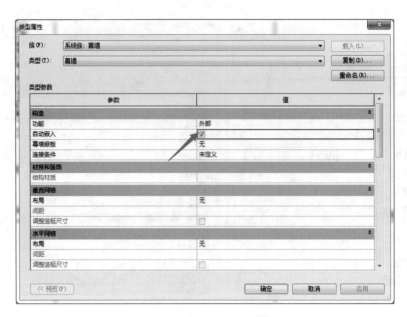

图 4-4-4　幕墙属性编辑

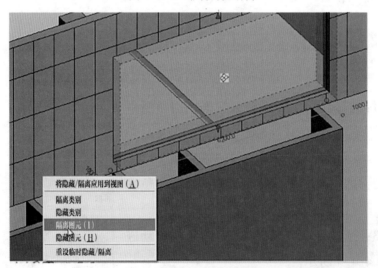

图 4-4-5　竖梃添加

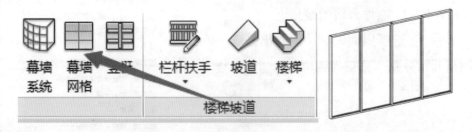

图 4-4-6　幕墙网格

步骤 6：重设临时隐藏后视图，回到三维视图查看，如图 4-4-7 所示。

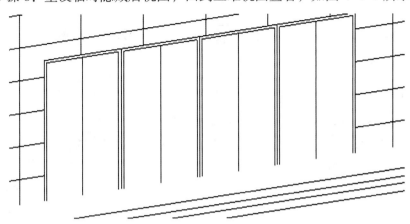

图 4-4-7　查看幕墙三维视图

第 5 节　楼板、屋顶和天花板的绘制

一、楼板的绘制

步骤 1：楼板创建。单击"建筑"选项卡→"楼板"→"楼板：建筑"→在左边"属性"框选择"常规 300"→"编辑类型"→"编辑"→"类别"→"材质"→"混凝土"→单击"确定"按钮，如图 4-5-1 所示。

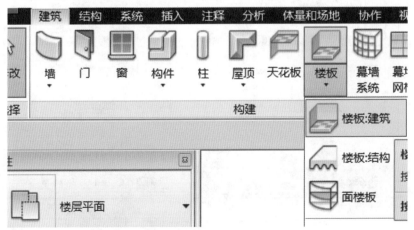

图 4-5-1　楼板创建

步骤2：楼板参数设置。单击"插入"→"结构"→"类别"→"向上面层1【4】"→"混凝土砂/水泥找平"→单击"确定"按钮，如图 4-5-2 所示。

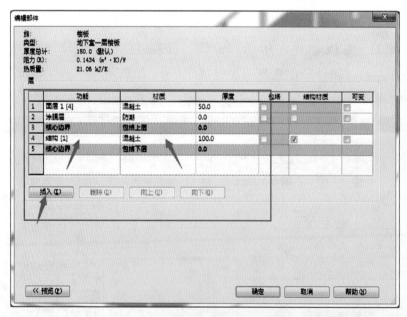

图 4-5-2　楼板参数设置

步骤 3：楼板绘制。选择绘制栏绘制方法，如"直线""矩形"等，用鼠标直接绘制即可，如图 4-5-3 所示。

图 4-5-3　楼板绘制

二、屋顶的绘制

切换至 F2 楼层平面视图，单击"建筑"选项卡下的"屋顶"命令（见图 4-5-4），出现屋顶类型，选择需要的屋顶，然后对其进行编辑类型。

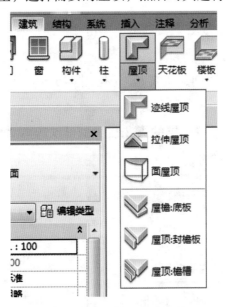

图 4-5-4　屋顶

方法 1：选择"迹线屋顶"，通过封闭线条的绘制来创建屋顶（在平面视图创建），如图 4-5-5 所示。

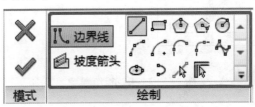

图 4-5-5　迹线屋顶

147

方法 2：选择"拉伸屋顶"，通过拉伸绘制的轮廓来创建屋顶（在立面视图创建），如图 4-5-6 所示。

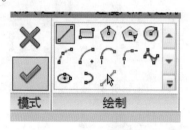

图 4-5-6 拉伸屋顶

三、天花板的绘制

步骤 1：切换至 F2 楼层平面视图，单击"建筑"选项卡下的"天花板"命令。

步骤 2：选择"自动创建天花板"（见图 4-5-7），将鼠标放在闭合的墙体会自动拾取到天花板。

步骤 3：单击就可放置一层的天花板。也可以选择"绘制天花板"，选择合适的线型进行天花板的绘制。

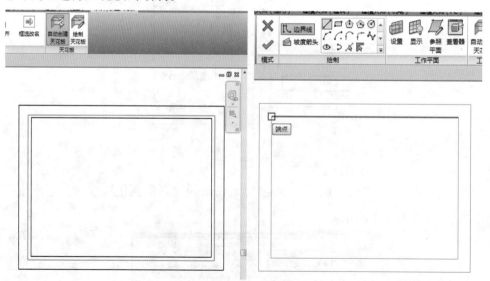

图 4-5-7 天花板绘制

第6节　栏杆扶手、楼梯、洞口和坡道的绘制

一、绘制栏杆扶手

单击"建筑"选项卡→"栏杆扶手（900 mm 圆管）"→"绘制路径"→绘制→单击"完成"按钮，如图 4-6-1 所示。

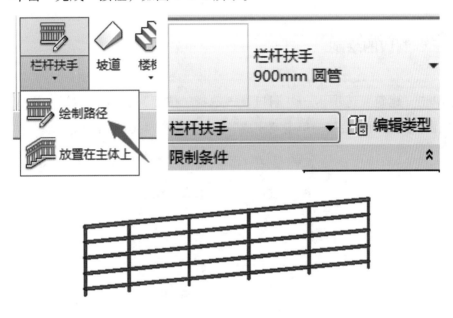

图 4-6-1　栏杆扶手绘制

二、楼梯的绘制

单击"建筑"选项卡→"楼梯（按构件）"→选择"梯段""平台"或"支座"进行楼梯绘制（或者按草图绘制）→单击"完成"按钮，如图 4-6-2 所示。

楼梯
模型文字
模型线
楼梯(按构件)
楼梯(按草图)
梯段
平台
支座

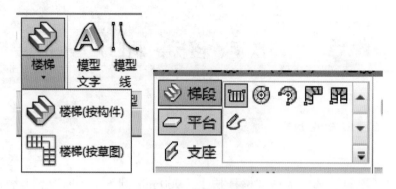

图 4-6-2　楼梯绘制

三、洞口的绘制

单击“建筑”选项卡→“洞口”→选择“按面”“竖井”“墙”“垂直”或“老虎窗”进行洞口绘制→单击“完成”按钮，如图 4-6-3 所示。

按面
竖井
墙
垂直
老虎窗
洞口

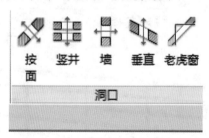

图 4-6-3　“洞口”选项面板

方法 1：选择“面”洞口，如图 4-6-4 所示。

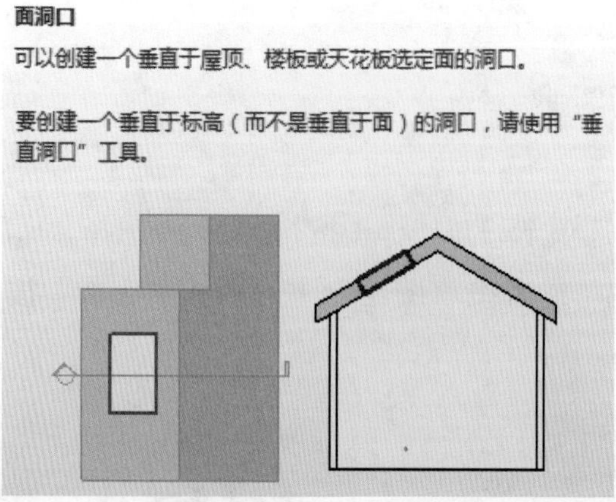

面洞口
可以创建一个垂直于屋顶、楼板或天花板选定面的洞口。
要创建一个垂直于标高（而不是垂直于面）的洞口，请使用“垂直洞口”工具。

图 4-6-4　面洞口

方法 2：选择"竖井"洞口，如图 4-6-5 所示。

竖井洞口

可以创建一个跨多个标高的垂直洞口，贯穿屋顶、楼板和天花板进行剪切。

通常，您会在平面视图的主体图元（如楼板）上绘制竖井。

如果在一个标高上移动竖井洞口，则它将在所有标高上移动。

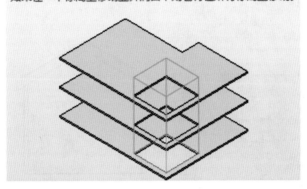

图 4-6-5　竖井洞口

方法 3：选择"墙"洞口，如图 4-6-6 所示。

墙洞口

可以在直墙或弯曲墙中剪切一个矩形洞口。

使用一个视图创建洞口，该视图显示要剪切的墙的表面（如立面或剖面）；或者使用平面视图创建洞口，然后通过墙洞口属性调整其"顶部偏移"和"底部偏移"。

对于墙，只能创建矩形洞口。要创建圆形或多边形洞口，请选择对应的墙并使用"编辑轮廓"工具。

图 4-6-6　墙洞口

方法 4：选择"垂直"洞口，如图 4-6-7 所示。

垂直洞口

可以剪切一个贯穿屋顶、楼板或天花板的垂直洞口。

垂直洞口垂直于标高。

要创建一个垂直于选定面的洞口，请使用"面洞口"工具。

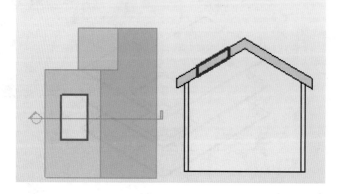

图 4-6-7　垂直洞口

方法 5：选择"老虎窗"洞口，如图 4-6-8 所示。

老虎窗洞口

可以剪切屋顶，以便为老虎窗创建洞口。

对于老虎窗洞口，可在屋顶上进行垂直和水平剪切。

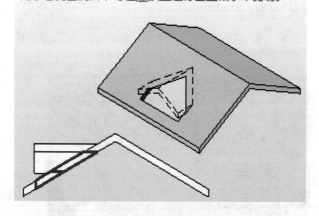

图 4-6-8　老虎窗洞口

四、坡道的绘制

单击"建筑"选项卡→"坡道"→选择"梯段"/"边界"/"踢面"进行坡道绘制→单击"完成"按钮,如图 4-6-9 所示。

图 4-6-9　坡道绘制

第 7 节　机电管理与管件创建

一、给排水系统建模

给排水系统在 BIM 中大致分为给排水系统管理、构件布置、管线连接、消防系统建模等。

1. 给排水系统管理

为了方便模型的建立与使用,在建模前需要根据不同专业系统创建出不同的系统类型,如冷水系统、热水系统、排水系统、雨水系统等,同时根据不同颜色及线型、线宽来区分各专业管道系统类型,如图 4-7-1 所示。

2. 构件布置

建模过程中常需要用到不同的管件、管路附件及其他器具,通常有些构件在本身打开的项目样板中是不存在的,所以需要从本地或云端族库载入,如图4-7-2 所示。

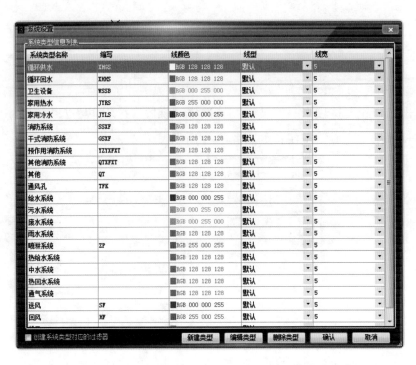

图 4-7-1 给排水系统管理

图 4-7-2 族载入

（1）辅助线定位布置。构件载入后可以依据辅助线来精准定位，点击操作面板布置，然后点击合适位置摆放，如图 4-7-3 所示。

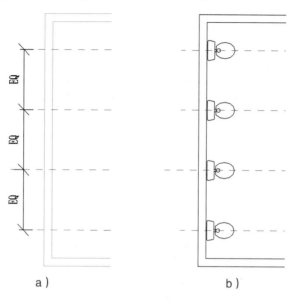

图 4-7-3　辅助线定位布置

a）辅助线定位　b）精准摆放布置

（2）自由摆放布置。载入构件后可自由点击位置布置，然后修改构件间距，如图 4-7-4 所示。

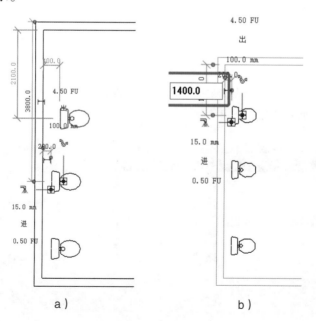

图 4-7-4　自由点击布置

a）任意放置　b）修改间距

3.管线连接

单击管道并选择起始点，然后拉至终点或连接至构件即可，如图 4-7-5 所示。

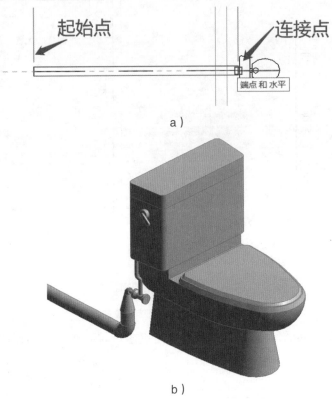

a)

b)

图 4-7-5 管线连接

a) 管道绘制 b) 连接后效果

管道与管道之间可直接拖动连接，其中包括干管与支管、横管与立管的连接等，如图 4-7-6 所示。

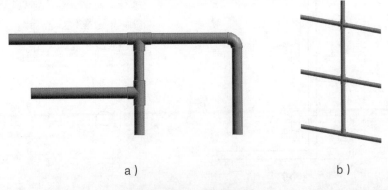

a)   b)

图 4-7-6 管道连接

a) 干管与支管连接 b) 横管与立管连接

在模型的建立过程中，通常会出现管线"打架"碰撞的问题，所以需要对不同管道进行避让调整，如图 4-7-7 所示。

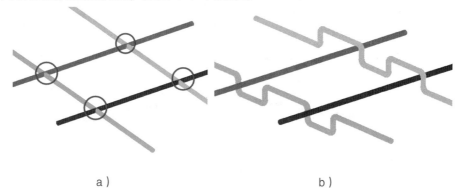

a）　　　　　　　　　　　　　b）

图 4-7-7　管线调整

a）管道碰撞　b）管道避让

4. 消防系统建模

消防系统在 BIM 建模中大致分为喷头布置、消火栓布置与管道连接。

（1）喷头布置。喷头布置方式可采用自由点布置或辅助线交点布置。通常项目样板中可能不存在喷头族，这就需要先载入喷头族，载入方法同构件布置中的族载入方法相同，载入族之后便可进行布置。下面对多个布置方法逐一进行介绍。

自由点布置方式就是随意点击放置喷头，可在非规则区域进行喷头布置。

喷头族载入后可以依据辅助线来精准定位，点击操作面板布置，然后点击摆放，如图 4-7-8 所示。

a）　　　　　　　　　　　　　b）

图 4-7-8　辅助线定位布置

a）辅助线定位　b）精准摆放

（2）消火栓布置与管道连接。载入项目使用的消火栓类型通过自由放置方式布置到项目中，然后可绘制管道与其连接，或直接从消火栓构件中单击鼠标右键绘制管道，然后生成连接管道，如图 4-7-9 所示。

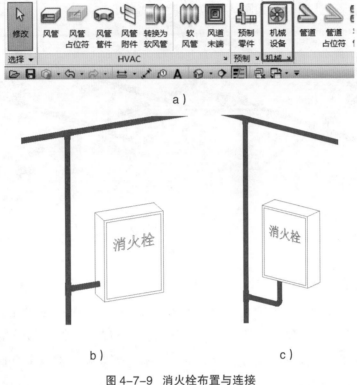

a）

b）　　　　　　　　　　　　　c）

图 4-7-9　消火栓布置与连接

a）消火栓布置　b）水平管道连接　c）垂直管道连接

二、电气系统建模

电气系统在 BIM 中大致可分为构件布置、管线连接、电缆桥架，具体操作流程如下。

1. 电气构件布置

电气构件布置包括灯具、开关、插座、配电箱、配电柜等常用电器设备的布置，在项目中载入所需要用到的电气设备族后，单击该设备放置命令，然后任意点击放置即可，如图 4-7-10 所示。需注意部分构件是具有放置主体的，如部分插座需要拾取到墙才能布置，吸顶灯需要拾取到天花板或楼板才可以布置。

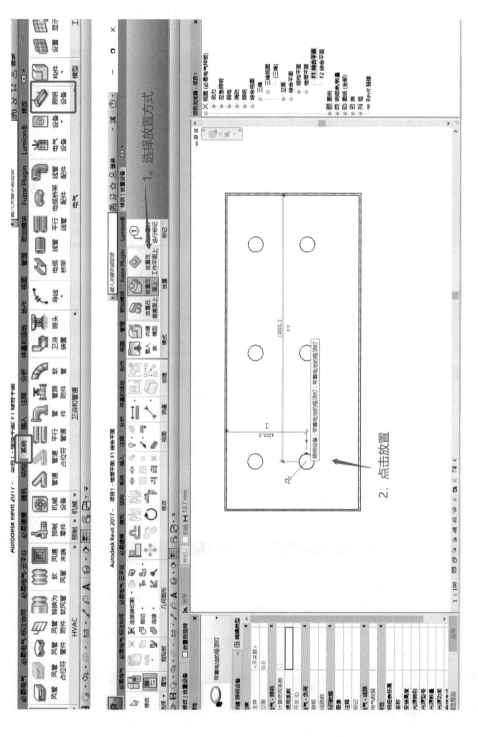

图 4-7-10　放置设备

159

2. 设备连线

布置完成所有设备后，需要对灯具、开关、插座、配电箱等设备进行导线的连接，如图 4-7-11 所示。

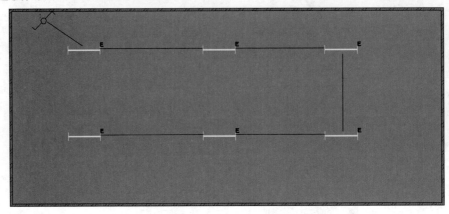

图 4-7-11　设备连线

3. 电缆桥架

电缆桥架的绘制与管道的绘制相似。单击"电缆桥架"命令并选择起始点，然后拉至终点或连接至构件即可，如图 4-7-12 所示。

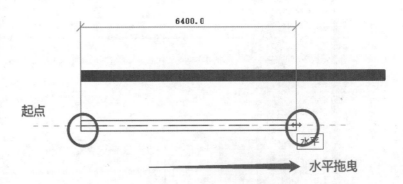

图 4-7-12　电缆桥架的绘制

桥架与桥架之间可直接拖动连接，也可通过修改高度进行桥架避让，如图4-7-13所示。

图 4-7-13　桥架连接与避让

三、暖通系统建模

暖通空调系统在 BIM 中大致可分为空调风系统管理、通风系统构件放置、风管连接等，具体操作流程如下。

1. 空调风系统管理

为了方便模型的建立与使用，在建模前需要根据不同系统创建出不同的系统类型，如送风、新风、回风、防排烟等，同时要设置系统的缩写、颜色、线型、线宽以方便后续使用，同时根据不同颜色及线型、线宽来区分各专业系统类型，如图 4-7-14 所示。

图 4-7-14　系统类型管理

2. 通风系统构件放置

选择合适的末端族并布置。族的类型可以到本地族库或云族库当中进行选择，如图 4-7-15 所示。载入族的方式与给排水系统建模中的构件载入方式相同，载入后布置即可。

a）   b）

图 4-7-15　族载入

a）本地族库　b）云族库

族载入后，可以用任意点自由放置方式或辅助线定位方式将构件放在指定位置，如图 4-7-16 所示。

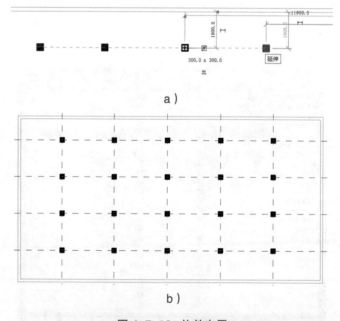

a）

b）

图 4-7-16　构件布置

a) 任意点自由放置　b) 辅助线定位放置

3. 构件连接

构件布置完成后可选择绘制风管，或选择末端再单击右键选择绘制风管，然后与主管道进行连接，如图 4-7-17 所示。

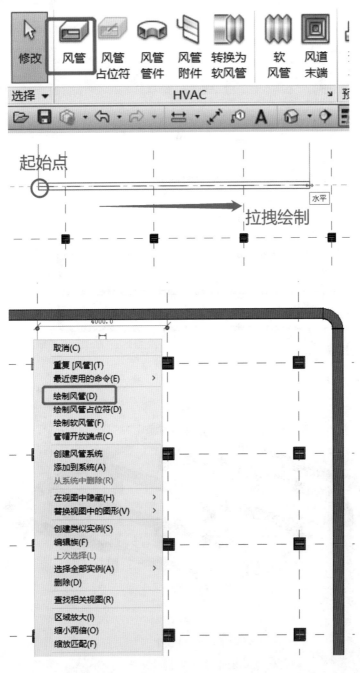

a)

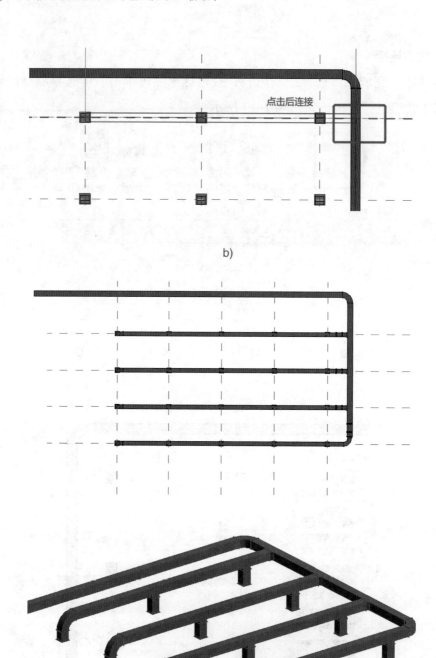

b)

c)

图 4-7-17　构件连接

a) 风管绘制　b) 构件连接　c）连接后效果

第 5 章

模型信息管理

5

第1节　墙体结构信息输入

墙体设计是建筑设计的重要组成部分。在实际工程中，墙体根据材质、功能可划分为多种类型，如隔墙、防火墙、叠层墙、复合墙、幕墙等，因此在绘制时需要综合考虑墙体的信息，如墙体的定位、高度、厚度、构造做法、图样粗略、精细程度的显示，内外墙体区别等。墙体构造层设置不仅影响着墙体在三维、透视和立面视图中的外观表现，更直接影响着后期施工图设计中墙身大样、节点详图等视图中墙体截面的显示。

一、墙体的类型

1. 墙体的分类

建筑中的墙体多种多样，而墙体的分类方式也具有多样性，按照不同的情况可以分为不同的类型。

（1）按墙所处位置及方向分类。墙体按所处位置可以分为外墙和内墙。外墙位于房屋的四周，也称为外围护墙；内墙位于房屋内部，主要起分割内部空间的作用。墙体按布置方向又可以分为纵墙和横墙。沿建筑物长轴方向布置的墙称为纵墙；沿建筑物短轴方向布置的墙称为横墙，外横墙俗称山墙。另外，根据墙体与门窗的位置关系，平面上窗洞之间的墙体可以称为窗间墙，立面上下窗洞口之间的墙体可以称为窗下墙。

（2）按受力情况分类。墙按结构竖向的受力情况分为承重墙和非承重墙。承重墙直接承受楼板及屋顶传下来的荷载。在砖混结构中，非承重墙可以分为自承重墙和隔墙。自承重墙仅承受自身重量，并把自重传给基础。隔墙则把自重传给楼板层或者附加的小梁。

在框架结构中，非承重墙可以分为填充墙和幕墙。填充墙是位于框架梁柱之间的墙体。当墙体悬挂于框架梁柱的外侧起围护作用时称为幕墙，幕墙的自重由其连接固定部位的梁柱承担。位于高层建筑外围的幕墙虽然不承受竖向的外部荷载，但受高空气流影响需承受以风力为主的水平荷载，并通过与梁柱的

167

连接传递给框架系统。

（3）按材料及构造方式分类。墙体按构造方式可以分为实体墙、空体墙和组合墙三种。实体墙由单一材料组成，如普通砖墙、实心砌块墙、混凝土墙、钢筋混凝土墙等。空体墙也是由单一材料组成，既可以是由单一材料砌成内部空墙，如空斗砖墙，也可以用具有孔洞的材料造墙，如空心砌块墙、空心板材墙等。组合墙由两种以上材料组合而成，如钢筋混凝土和加气混凝土构成的复合板材墙，其中钢筋混凝土起承重作用，加气混凝土起保温隔热作用。

（4）按施工方法分类。墙体按施工方法可分为块材墙、板筑墙和板材墙三种。块材墙是用砂浆等胶结材料将砖石块材等组砌而成，如砖墙、石墙及各种砌块墙等。板筑墙是在现场立模板现浇而成的墙体，如现浇混凝土墙等。板材墙是预先制成墙板，施工时安装而成的墙，如预制混凝土大板墙、各种轻质条板内隔墙等。

在墙体设计要求中，除了要考虑墙体的承重结构与承载力等因素外，还需要根据建筑设计规范考虑墙体的保温、隔热、隔声、防火、防潮等功能要求。

2. 墙族的分类

在 Revit 中，墙属于系统族。Revit 提供三种类型的墙族，即基本墙、叠层墙和幕墙。所有的墙类型都可以通过这三种系统族，建立不同样式和参数来定义。

（1）基本墙。常见的墙体都可以通过基本墙来创建。

（2）叠层墙。要绘制叠层墙，首先需要在"属性"栏中选中叠层墙的案例，编辑其类型。叠层墙是由不同材质、类型的墙在不同的高度叠加而成，墙 1 和墙 2 均来自基本墙，因此没有的墙类型要先在基本墙中创建墙体后，再添加到叠层墙中。

（3）幕墙。主要用于绘制玻璃幕墙。

3. 常见砌体墙厚度

砌体墙厚主要由块材和灰缝的尺寸组合而成。以常用的实心砖规格 240 mm ×115 mm× 53 mm（长 × 宽 × 高）为例，用砖三个方向的尺寸作为墙厚的基数，当错缝或墙厚超过砖块尺寸时，均按灰缝 10 mm 进行砌筑。从尺寸上不难看出，砖厚加灰缝、砖宽加灰缝后与砖长形成 1：2：4 的比例，组砌很灵活。常见砖墙厚度见表 5-1-1。当采用复合材料或带有空腔的保温隔热墙体时，墙厚尺寸在块材尺寸基数的基础上根据构造层次计算即可。

表 5-1-1　　　　　　　　　常见砖墙厚度

墙厚	名称	尺寸（mm）
1/2	12墙	115
3/4	18墙	178
1	24墙	240
3/2	37墙	365
2	49墙	490

二、墙体结构信息输入步骤

Revit 提供了墙工具，用于绘制和生成墙体对象。在 Revit 中创建墙体时，需要先定义好墙体的类型——包括墙厚、做法、材质、功能等，再指定墙体的平面位置、高度等参数。

Revit 通过"编辑部件"对话框中各结构层的定义，反映了墙的真实做法。在绘制或修改该类型墙时，可以在视图中显示该墙定义的墙体结构，帮助设计师详细定义墙体做法。

在墙"编辑部件"对话框的"功能"列表中共提供了六种墙体功能，即结构 [1]、衬底 [2]、保温层/空气层 [3]、面层 1 [4]、面层 2 [5] 和涂膜层（通常用于防水涂层，厚度必须为 0）。可以定义墙结构中每一层在墙体中所起的作用。功能名称后面方括号中的数字，例如"结构 [1]"，表示当墙与墙连接时，墙各层之间连接的优先级别。方括号中的数字越大，该层的连接优先级越低。当墙相互连接时，Revit 会试图连接功能相同的墙功能层，但优先级为 1 的结构层将最先连接，而优先级最低的"面层 2 [5]"将最后相连，如图 5-1-1 所示。

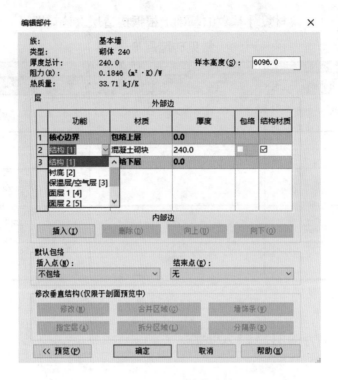

图 5-1-1　六种墙体功能

在 Revit 墙结构中，墙部件包括两个特殊的功能层——"核心结构"和"核心边界"，用于界定墙的核心结构与非核心结构。所谓"核心结构"，是指墙存在的条件。"核心边界"之间的功能层是墙的核心结构；"核心边界"之外的功能层为"非核心结构"，如装饰层、保温层等辅助结构。以砖墙为例，"砖"结构层是墙的核心部分；而"砖"结构层之外的如抹灰、防水、保温等部分功能层依附于砖结构部分而存在，因此可以称为非核心部分。功能为"结构"的功能层必须位于"核心边界"之间。"核心结构"可以包括一个或几个结构层或其他功能层，用于生成复杂结构的墙体。

在 Revit 中，"核心边界"以外的构造层都可以设置是否"包络"。所谓"包络"是指墙非核心构造层在断开点处的处理方法，如在墙端点部分或当墙体中插入门、窗等洞口时，可以分别控制墙在端点或插入点的包络方式。

1. 编辑墙体结构材料

在 BIM 参数化建模中，小别墅（见图 5-1-2）墙体构件的参数要求见表 5-1-2。根据墙体构件的参数信息设置小别墅墙体。

表 5-1-2　　　　　　　　　墙体构件参数信息

构件	外墙		内墙（卫生间）	
	材质名称	厚度(mm)	材质名称	厚度(mm)
构造层次	米色墙漆	2	中蓝色瓷砖	8
	抗裂砂浆	5	水泥砂浆	20
	聚苯乙烯保温板	30	砌体普通砖	100
	水泥砂浆	20	水泥砂浆	20
	混凝土砌块	240	白色乳胶漆	2
	水泥砂浆	20		
	白色乳胶漆	2		

定义或修改墙体信息时，选择小别墅中某一面外墙，单击墙体"属性"面板中的"编辑类型"，单击"重命名"将墙体名称重命名为"外墙240"；类型参数中，单击"结构"后的"编辑"，在打开的"编辑部件"对话框中，将"结构[1]"中的"材质"设置为"混凝土砌块"，"厚度"改为240。至此，墙体的结构材料及厚度就定义好了，如图5-1-3所示。

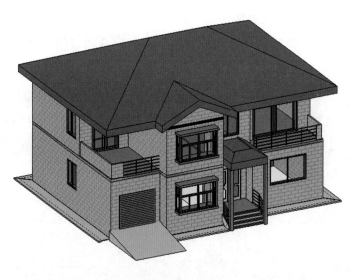

图 5-1-2　小别墅

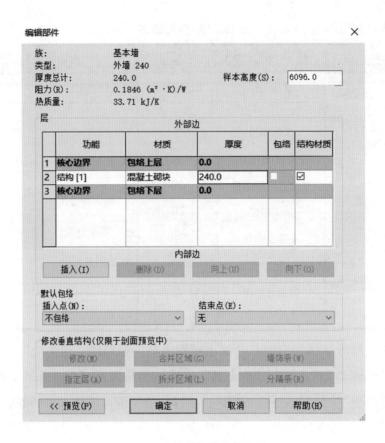

图 5-1-3　墙体结构参数设置

2. 编辑墙体外围的保温和面层

在"编辑部件"对话框中，继续单击"插入"按钮，选择"向上"，移动到"核心边界"上面，变更序号 1 内容为"衬底 [2]"，"材质"选择"更多"，进入"材质浏览器"，单击左下角"创建材质"按钮，单击"新建材质"按钮（见图5-1-4），重命名新建材质为"水泥砂浆"，在"材质浏览器"中打开"资源浏览器"（见图 5-1-5），搜索"水泥砂浆"，单击"添加"按钮，再单击"确定"按钮，厚度输入 20，至此"水泥砂浆"材质就添加成功了。

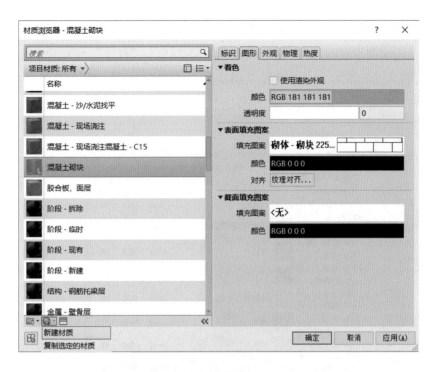

图 5-1-4　新建材质

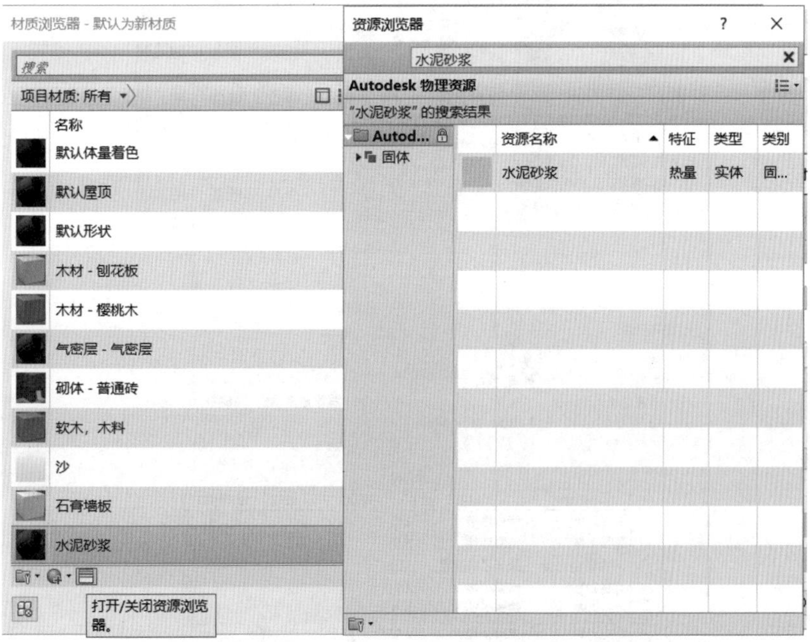

图 5-1-5　添加"水泥砂浆"材质

单击"插入"按钮，再单击"向上"按钮，变更序号 1 内容为"保温层/空气层"，将"材质"用如上的方法改为"聚苯乙烯保温板"，"厚度"输入 30。

173

往上依次插入"面层 1 [4]"为"抗裂砂浆"（抗裂砂浆若在资源浏览器中找不到，可以用水泥砂浆替代）。最后插入"面层 2 [5]"，"材质"改为"米色墙漆"，"厚度"输入 2，如图 5-1-6 所示。切换到"外观"，勾选"使用渲染外观"，单击"确定"按钮。至此，外墙的外装饰做法就添加成功了，如图 5-1-7 所示。

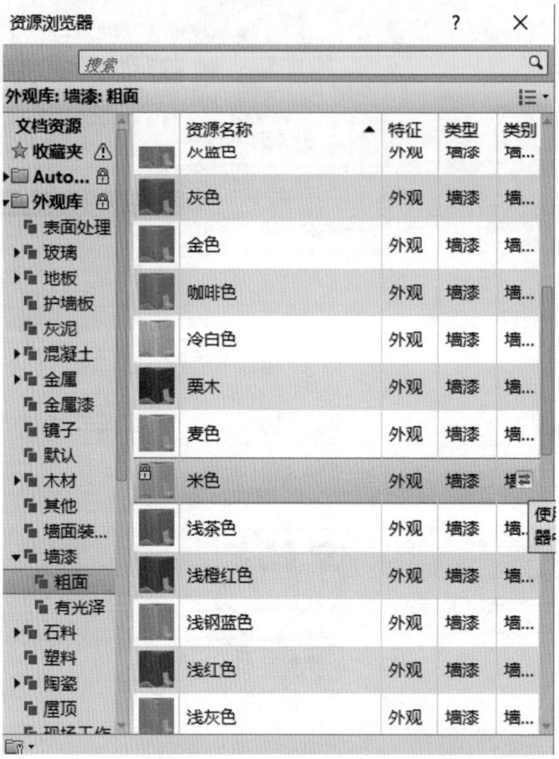

图 5-1-6　外观库

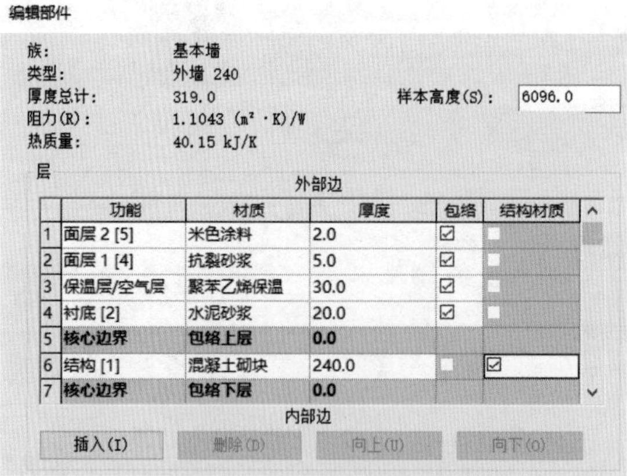

图 5-1-7　墙体结构参数设置

接下来添加外墙的内装饰做法。单击"插入"按钮，再单击"向下"按钮，将插入行移动到结构层"核心边界"下面，变更序号 8 内容为"衬底 [2]"，添加"水泥砂浆"，这时可以选择"材质浏览器"中已经定义好的"水泥砂浆"。继续"插入"，"向下"移动，变更序号 9 内容为"面层 1 [4]"，"材质"新建为"白色乳胶漆"（在"资源浏览器"中可以选择"石膏板 – 漆成白色"来代替白色乳胶漆）。至此，小别墅的外墙就按外墙构件的参数信息设置成功了，如图 5-1-8 所示。小别墅的外墙在"真实"视觉样式下的效果如图 5-1-9 所示。

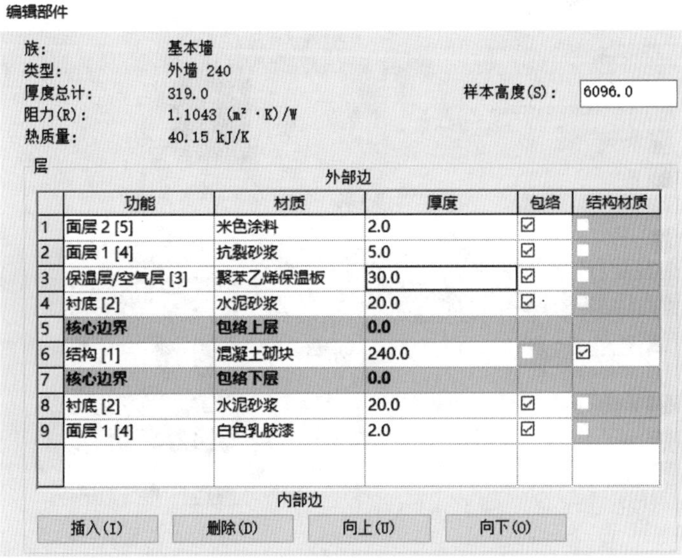

编辑部件

族：　　　基本墙
类型：　　外墙 240
厚度总计：　319.0　　　　　　　　　样本高度(S)：　6096.0
阻力(R)：　1.1043（㎡·K）/W
热质量：　40.15 kJ/K

层

外部边

	功能	材质	厚度	包络	结构材质
1	面层 2 [5]	米色涂料	2.0	☑	
2	面层 1 [4]	抗裂砂浆	5.0	☑	
3	保温层/空气层 [3]	聚苯乙烯保温板	30.0	☑	
4	衬底 [2]	水泥砂浆	20.0	☑	
5	**核心边界**	**包络上层**	**0.0**		
6	结构 [1]	混凝土砌块	240.0		☑
7	**核心边界**	**包络下层**	**0.0**		
8	衬底 [2]	水泥砂浆	20.0	☑	
9	面层 1 [4]	白色乳胶漆	2.0	☑	

内部边

插入(I)　　删除(D)　　向上(U)　　向下(O)

图 5-1-8　墙体结构参数设置

图 5-1-9　外墙"真实"视觉样式效果

3. 编辑内墙体材质

内墙做法中，以卫生间和餐厅之间的内墙为例，根据表 5-1-2 中内墙（卫生间）构件的参数信息来设置它的做法。餐厅的墙面材质为"白色乳胶漆"，卫生间的墙面材质为"中蓝色瓷砖"，内墙做法设置的方法同外墙。在添加"卫生间瓷砖"时，选择"中蓝色瓷砖"，单击"图像"里的瓷砖图例（见图 5-1-10），进入"纹理编辑器"，重新设置"样例尺寸"为 1 000 mm，可以放大瓷砖显示规格，如图 5-1-11 所示。

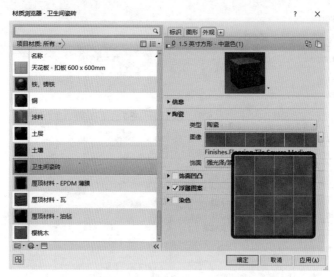

图 5-1-10　新建"卫生间瓷砖"材质

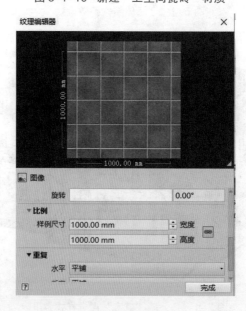

图 5-1-11　纹理编辑器

　　单击"图形"，勾选"使用渲染外观"，"填充图案"选择"对角交叉线"（见图 5-1-12），"厚度"输入 8，单击"确定"按钮。内墙做法便设置完毕，如图 5-1-13 所示。

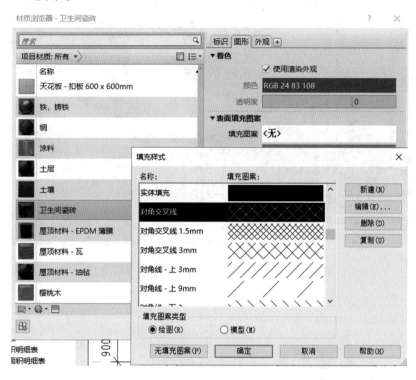

图 5-1-12　设置填充样式

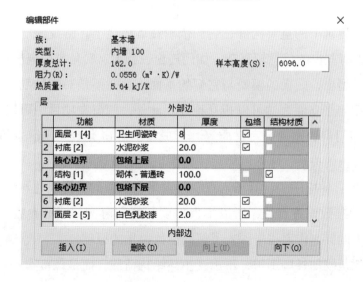

图 5-1-13　墙体结构参数设置

卫生间其中一面内墙做法设置成功后，在"真实"视觉样式下的三维效果如图 5-1-14 所示。

图 5-1-14　卫生间墙"真实"视觉样式效果

第 2 节　门窗与幕墙信息输入

门、窗是建筑中的重要构件，它们依附在墙体之上。常规的门、窗结构都比较简单，但有些窗的信息较复杂，如门连窗、飘窗、转角窗、老虎窗等。

在三维模型中，门窗的模型与它们的平面表达并不是对应的剖切关系，这说明门窗模型与平立面表达可以相互独立。此外，门窗在项目中可以通过修改类型参数，如门窗的宽和高、材质等，形成新的门窗类型。门窗主体为墙体，它们对墙具有依附关系，删除墙体后，门窗也随之被删除。

在门窗构件的应用中，其插入点、门窗平立剖面的图样表达、可见性控制等和门窗族的参数设置有关，所以不仅需要了解门窗构件族的参数修改设置，还需要在未来的族制作课程中深入了解门窗族制作的原理。

幕墙是建筑物的外墙围护，不承受主体结构荷载，而是像幕布一样挂上去，故又称为悬挂墙，它是现代大型和高层建筑常用的带有装饰效果的轻质墙体。

幕墙是由结构框架与镶嵌板材组成，不承担主体结构荷载与作用的建筑围护结构。幕墙在功能上又可以起到门和窗的作用，添加了门窗嵌板的幕墙，其作用类似门窗，可以采光、通风、隔声等。

一、门窗信息输入

1. 门窗的分类

门具有内外交通、隔离房间之用，窗具有采光和通风、分割和围护的作用。门窗的设计要求是保温、隔热、隔声、防风沙等。

（1）门的分类。门的分类见表 5-2-1。

表 5-2-1　　　　　　　　　　　门的分类

分类	类型
按开启方式分	平开门、推拉门、弹簧门、折叠门、转门、上翻门、升降门、卷帘门等
按门所用材料分	木门、钢门、铝合金门、塑料门、塑钢门、全玻璃门等
按门的功能分	普通门、保温门、隔声门、防火门、防盗门、人防门以及其他特殊要求的门等

（2）门的组成和尺度

1）门的组成。门主要由门框、门扇、亮子和五金零件组成。

2）洞口尺寸及门的尺度。洞口尺寸可根据交通、运输以及疏散要求来确定。一般情况下，门的宽度为 800 ~ 1 000 mm（单扇）、1 200 ~ 1 800 mm（双扇）。门的高度一般不宜小于 2 100 mm，有需要时可适当增高 300 ~ 600 mm。对于大型公共建筑，门的尺度可根据需要另行确定。

（3）窗的分类。窗的分类见表 5-2-2。

表 5-2-2 窗的分类

分类	类型
按开启方式分	固定窗、平开窗、悬窗、立转窗、推拉窗等
按框料分	木窗、铝合金窗、塑钢窗、塑料窗、铝塑窗、彩板钢窗、复合材料窗等
按层数分	单层窗、多层窗等
按镶嵌材料分	玻璃窗、百叶窗、纱窗等

（4）窗的组成和尺度

1）窗的组成。窗主要由窗框、窗扇、五金零件和附件等部分组成。

2）窗的尺度。窗的尺度既要满足采光、通风与日照的需要，又要符合建筑立面设计及建筑模数协调的要求。我国大部分地区标准窗的尺寸均采用 3 m 的扩大模数。

各类门窗的设计要求及玻璃门窗的种类详见建筑规范，建模时可根据设计需要参考规范或根据设计给定的参数信息来确定。

2. 门窗参数的编辑与修改

与其他 Revit 构件类似，门、窗参数同样由实例属性和类型属性两种参数构成。选择项目放置完成的门窗后（见图 5-2-1），"属性"面板中将会显示所选择门窗的实例属性。在"属性"对话框中可以修改所选门窗所在的标高、底标高（洞口底部距离所在标高的位置）等实例参数。

选择项目放置完成的门窗后，单击"属性"面板中的"类型属性"按钮，Revit 软件则会弹出"类型属性"对话框。在"类型属性"对话框中可以修改所选门或窗的构造、材质与装饰、尺寸标注等参数。如果要为门窗族创建新的尺寸类型，可以在"类型属性"对话框中，通过复制新建族类型的方式，为门或窗族创建新类型，如图 5-2-2 所示。

图 5-2-1　窗"属性"对话框　　　　　图 5-2-2　窗"类型属性"对话框

在小别墅案例中，设置好参数和材质信息的 TC1，在"真实"视觉样式下的三维效果如图 5-2-3 所示。

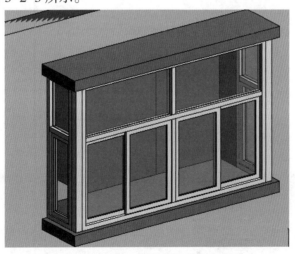

图 5-2-3　窗"真实"视觉样式效果

由于门窗族属于可载入族，允许用户自定义门窗的族，因此不同的族中包含的实例或类型参数会有区别。一般来说，门窗的类型属性中记录了门窗的宽度、高度等洞口尺寸信息，而在实例属性中则记录了门窗所在标高、底部标高等参数。

181

二、幕墙信息输入

在 Revit 中，幕墙是由"幕墙嵌板""幕墙网格"和"幕墙竖梃"三部分组成，如图 5-2-4 所示。幕墙嵌板是构成幕墙的基本单元，幕墙由一块或者多块幕墙嵌板组成。幕墙网格决定了幕墙嵌板的大小、数量。幕墙竖梃为幕墙龙骨，是沿幕墙网格生成的线性构件。

在小别墅案例中，接下来介绍幕墙的定义、创建、材质和幕墙嵌板的添加方法。

1. 编辑幕墙网格和竖梃

单击"建筑"选项卡→"构件"面板→"墙：建筑"，"属性"框中选择"幕墙"类型，单击"编辑类型"复制幕墙，重命名为"幕墙－窗嵌板"，勾选"自动嵌入"，在"实例属性"中将"底部偏移"改为100，"顶部偏移"改为 –500，如图 5-2-4 所示。

图 5-2-4　幕墙"属性"对话框

在平面图中绘制幕墙，具体位置和尺寸如图 5-2-5 所示。在南立面视图下，选择该幕墙，在"临时隐藏 / 隔离"面板中选择"隔离图元"，在南立面下

应用 "幕墙网格" (见图 5-2-6) 命令绘制幕墙网格, 具体网格线位置控制如图
5-2-7 所示。在绘制幕墙网格时, 会用到 "除拾取外的全部" (见图 5-2-8) 命
令, 选中要删除的网格线, 单击 "添加 / 删除线段" (见图 5-2-9), 单击鼠标
左键确定, 不需要的网格线段则可被删除。

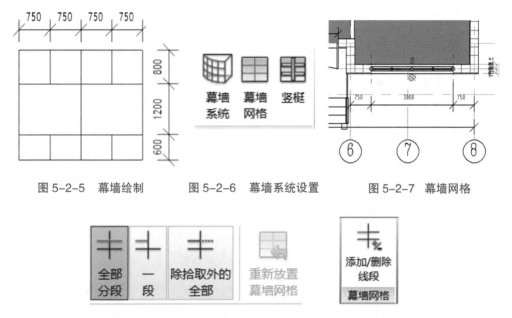

图 5-2-5　幕墙绘制　　　　图 5-2-6　幕墙系统设置　　　　图 5-2-7　幕墙网格

图 5-2-8　修改幕墙网格　　　图 5-2-9　删除网格线

幕墙网格绘制好后, 单击 "竖梃" (见图 5-2-6), 选中 "矩形竖梃", 复制
并重命名为 "矩形竖梃 2", 材质改为 "铝合金 (漆白色)", 竖梃材质和规格设
置成功后, 单击每一条网格线添加竖梃 (见图 5-2-10), 幕墙的竖梃就添加成
功了。

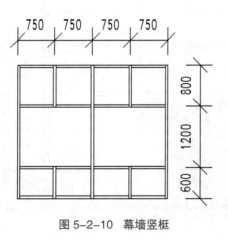

图 5-2-10　幕墙竖梃

183

2. 添加幕墙嵌板

在"插入"选项卡中，单击"载入族"，在幕墙嵌板族中载入"窗嵌板 _ 双扇推拉无框铝窗"（见图 5-2-11），将材质修改为"铝合金（漆白色）"，玻璃材质改为"玻璃"。

图 5-2-11 "载入族"对话框

单击幕墙要添加嵌板的边线，按 Tab 键，切换选择对象直到选中要替换的幕墙嵌板（见图 5-2-12）在"属性"中，将"系统面板 1"替换为"窗嵌板 _ 双扇推拉无框铝窗"，幕墙中窗嵌板就添加成功了。门嵌板的添加方法与此类似。在小别墅案例中，设置好参数和材质信息的"幕墙 – 窗嵌板"，在"真实"视觉样式下的三维效果如图 5-2-13 所示。

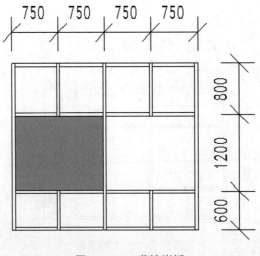

图 5-2-12 幕墙嵌板

图 5-2-13　幕墙"真实"视觉样式效果

第 3 节　楼板与屋顶信息输入

楼板和屋顶是建筑设计中常用的建筑构件。楼板的参数信息通常包括楼板厚度、楼板材质、楼板做法、楼板所在标高等。屋顶的参数信息主要包括屋顶类型、屋顶材质、屋顶做法、屋顶所在标高和坡度等。

一、楼板信息输入

与墙类似，楼板属于系统族。要为项目创建楼板，需要通过楼板的类型属性定义项目中楼板的构造。在 Revit 中，楼板与墙的类型定义过程类似。

在小别墅案例中，以首层顶板为例，根据表 5-3-1 中楼板的做法要求，来设置楼板参数信息。

185

表 5-3-1   楼板、屋顶做法

构件	楼板		屋顶	
	材质名称	厚度(mm)	材质名称	厚度(mm)
构造层次	木地板（红橡木）	20	烧结瓦	20
	水泥砂浆	20	水泥砂浆	20
	钢筋混凝土楼板	150	SBS卷材防水	5
	水泥砂浆	20	保温层（聚苯板）	40
	白色乳胶漆	2	钢筋混凝土屋面板	400
			水泥砂浆	10

可在三维视图中，选择绘制好的首层顶板，在"属性"面板中单击"编辑类型"打开"类型属性"对话框，与前面所讲过的墙体做法编辑类似，依次输入楼板的参数信息，如图 5-3-1 所示。

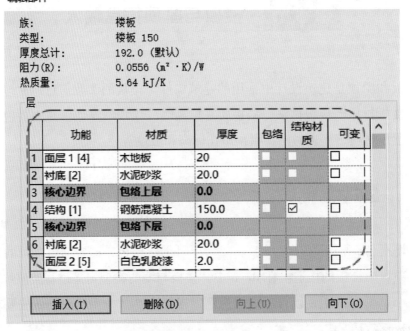

图 5-3-1 楼板结构参数设置

依据表 5-3-1 设置做法后的楼板，在"真实"视觉样式下显示的效果如图 5-3-2 所示。

图 5-3-2　楼板"真实"视觉样式效果

二、屋顶信息输入

屋顶是建筑的重要组成部分，参考建筑设计规范中对于屋面的构造做法规定，屋顶的参数信息通常包括屋顶类型、屋顶材质、屋面保温、屋面防水、屋面坡度等。

在小别墅案例中，屋顶为迹线屋顶，平面图如图 5-3-3 所示。屋顶为钢筋混凝土坡屋顶，坡度为 25°。参考表 5-3-1 中屋顶的做法，将小别墅的屋顶信息设置完整。

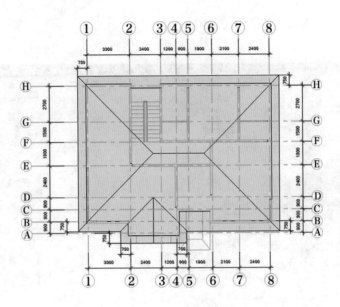

图 5-3-3　屋顶平面图

屋顶做法信息输入和墙做法信息输入方法类似，在屋顶"类型属性"对话框中录入后的屋顶做法信息如图 5-3-4 所示。

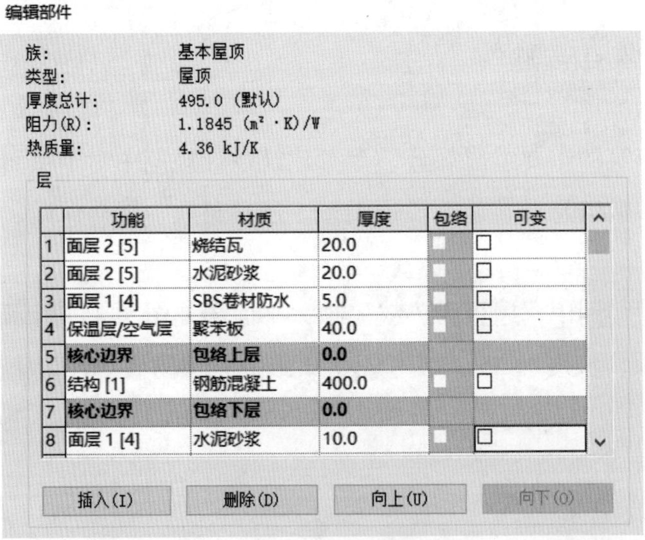

编辑部件

族：	基本屋顶
类型：	屋顶
厚度总计：	495.0（默认）
阻力(R)：	1.1845（m²·K)/W
热质量：	4.36 kJ/K

层

	功能	材质	厚度	包络	可变	
1	面层 2 [5]	烧结瓦	20.0	☐	☐	
2	面层 2 [5]	水泥砂浆	20.0	☐	☐	
3	面层 1 [4]	SBS卷材防水	5.0	☐	☐	
4	保温层/空气层	聚苯板	40.0	☐	☐	
5	**核心边界**	**包络上层**	**0.0**			
6	结构 [1]	钢筋混凝土	400.0		☐	
7	**核心边界**	**包络下层**	**0.0**			
8	面层 1 [4]	水泥砂浆	10.0	☐	☐	

插入(I)	删除(D)	向上(U)	向下(O)

图 5-3-4　屋顶结构参数设置

为使屋顶模型在"真实"视觉样式下显示出红色"瓦"材质，需要在"烧结瓦"的"材质浏览器""外观"下勾选"染色"，并将"染色"颜色改为红色，如图 5-3-5 所示。在"烧结瓦"的"材质浏览器""图形"下，颜色选为红色，

"填充图案"选择为"屋面 – 筒瓦"样式，单击"确定"按钮。

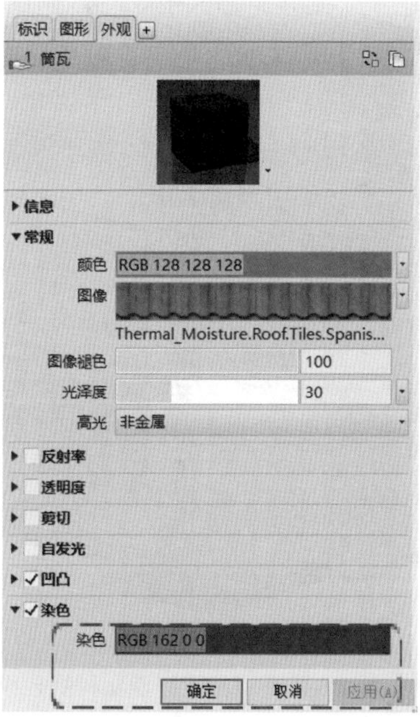

图 5-3-5　"外观"设置

依据表 5-3-1 设置做法后的屋顶模型在"着色"视觉样式下显示的效果如图 5-3-6 所示，在"真实"视觉样式下显示的效果如图 5-3-7 所示。

图 5-3-6　屋顶"着色"视觉样式效果

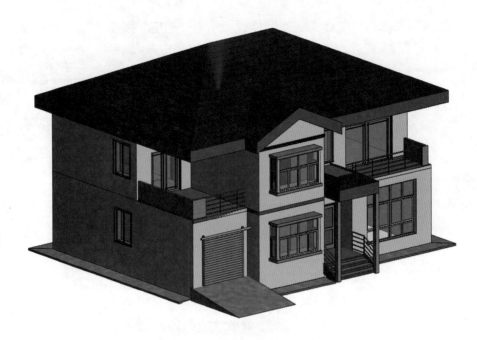

图 5-3-7　屋顶"真实"视觉样式效果

第 6 章　模型信息应用 ⑥

第1节　明细表统计

明细表是 Revit 软件的重要组成部分。使用 Revit 明细表，可以统计项目模型中的构件所需的信息。根据构件属性的不同，可以列出所要编制明细表图元类型的每个实例，或根据明细表的成组标准将多个实例压缩到一行中，并将这些信息以表格的形式进行显示。使用者不仅可以利用创建的明细表统计、查看需要的信息，同时可以通过明细表对模型构件直接进行修改。

一、明细表的种类

单击"视图"选项卡"创建"面板中的"明细表"命令（见图 6-1-1），在下拉列表中可以看到 Revit 中的明细表共有六种，分别是明细表/数量、图形柱明细表、材质提取、图纸列表、注释块、视图列表。其中明细表/数量是应用最多的明细表之一，主要用来统计构件的数量和构件的相关属性等。

图 6-1-1　明细表类别

1. 明细表/数量

明细表/数量用于创建关键字明细表或建筑构件明细表。利用关键字明细表可以定义关键字，以便为明细表自动填充某些信息。

2. 图形柱明细表

通过图形柱明细表，可以查看项目中的特定柱，将相似的柱位置分组，并将其反映在明细表中。

3. 材质提取

材质提取用于创建所有 Revit 族类别的子构件或材质的列表。材质提取明细表具有其他明细表视图的所有功能和特征，但通过它可以了解组成构件部件的材质及数量。

4. 图纸列表

图纸列表是项目中图纸的明细表。可以将图纸列表用作施工图文档集的目录。

5. 注释块

用于创建使用"符号"工具添加注释的明细表。使用注释块可以列出应用项目的图元符号的文字说明。

6. 视图列表

用于创建项目中视图的明细表。在视图列表中，可按类型、标高、图纸或其他参数对视图进行排序和分组。如果需要可在图纸中包含视图列表。

二、创建明细表

1. 建筑构件明细表

明细表是模型的另一种视图。此处以案例文件的窗明细表为例进行讲解，如图 6-1-2 所示。

<别墅窗明细表>					
A 族与类型	B 宽度	C 高度	D 底高度	E 合计	F 洞口面积
Gliding 3x4: 3300 x 1500mm	3300	1500	800	1	4.95
固定: 1000 x 1200mm	1000	1200	800	3	1.20
型材推拉窗（有装饰格）: 2100mm*1500m	1500	2100	800	5	3.15
型材推拉窗（有装饰格）: 2100mm*2000m	2000	2100	800	2	4.20
木格平开窗: 1500 x 1500mm	1500	1500	800	14	2.25
木格平开窗: 2000 x 1500mm	2000	1500	800	2	3.00
总计: 27					

图 6-1-2　窗明细表

打开案例文件"小别墅"，单击"视图"选项卡"创建"面板"明细表"下拉列表中的"明细表/数量"命令，在弹出的"新建明细表"对话框中，通过"过滤器列表"选择构件类别的规程"建筑"，选择所需统计构件的类别"窗"，在"名称"文本框中输入明细表名称"别墅窗明细表",选中"建筑构件明细表"单选按钮,设置明细表应用阶段,单击"确定"按钮,如图6-1-3所示。

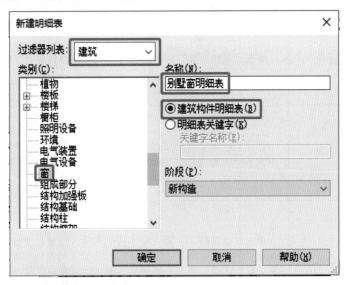

图 6-1-3　新建明细表

在"明细表属性"中定义"字段、过滤器、排序/成组、格式、外观"选项卡中的参数。

(1)字段。可以在"明细表属性"对话框(或"材质提取属性"对话框)的"字段"选项卡中,选择要在明细表中显示的字段,字段中相关数据见表6-1-1。

表 6-1-1　　　　　　　　　　明细表字段

明细表功能	操作方法
添加明细表字段	单击"可用字段"框中的字段名称,然后单击"添加"字段在"明细表字段"框中的顺序,就是它们在明细表中的显示顺序
"明细表字段"名称删除	从"明细表字段"列表中选择该名称并单击"删除"按钮
字段位置更替	选择该字段,然后单击"上移"或"下移"按钮

明细表功能	操作方法
添加自定义字段	单击"添加参数"，然后选择添加项目参数或共享参数
修改自定义字段	选择该字段，单击"编辑"按钮，在"参数属性"对话框中输入该字段的新名称；单击"删除"按钮可以删除自定义字段
创建公式计算值字段	单击"计算值"，输入该字段的名称，设置其类型，然后对其输入使用明细表中现有字段的公式。公式支持与族编辑器中一样的数学功能。例如，如果要根据房间面积计算占用负荷，可以添加一个根据"面积"字段计算而来的称为"占用负荷"的自定义字段
创建字段百分比	单击"计算值"，输入该字段的名称，将其类型设置为百分比，然后输入要取其百分比字段的名称
将房间参数添加到明细表	单击"房间"作为"从下面选择可用字段"。该操作可将"可用字段"框中的字段列表修改为房间参数列表，然后即可将这些房间参数添加到明细表字段列表中
链接模型图元	选择包含链接中的图元

（2）过滤器。使用过滤器可以仅查看明细表中的特定类型信息。在"明细表属性"对话框（或"材质提取属性"对话框）的"过滤器"选项卡中，创建限制明细表中数据显示的过滤器。

注意在明细表中最多可以创建四个过滤器，且所有过滤器都必须满足数据显示的条件。

（3）排序 / 成组。控制统计信息分类排序。

1）逐项列举每个实例。若要列出明细表中族和类别的每个实例，可以在"明细表属性"对话框的"排序 / 成组"选项卡中使用以下设置：排序方式 →族和类型（升序、空行）；逐项列举每个实例 → 启用。

2）汇总明细表。若要提供明细表中族和类型的概要（避免每个项目各自成行），应在"明细表属性"对话框的"排序 / 成组"选项卡上使用以下设置：排序方式 →族和类型；逐项列举每个实例→禁用。

3）总计。若要在明细表底部提供总计的概要，应在"明细表属性"对话框的"排序 / 成组"选项卡上使用以下设置：排序方式→族和类型；总计→启用（标题、合计和总数）；逐项列举每个实例→禁用。

（4）格式。设置明细表中的字段标题的样式，如标题名称、方向、对齐样式、字段格式等。格式相关数据见表6-1-2。

表 6-1-2　　　　　　　　　　明细表格式

明细表功能	操作方法
明细表标题修改	选择要在"标题"文本框中显示的字段，可以编辑每个列名
列标题图样方向编辑	选择一个字段，然后选择一个方向选项作为"标题方向"
列标题文字对齐	选择一个字段，然后从"对齐"下拉菜单中选择对齐选项
数值字段单位和外观格式	选择一个字段，然后单击"字段格式"，打开"格式"对话框后，清除"使用项目设置"并调整数值格式
组数值列小计	选择该字段，然后选择"计算总数"。此设置只能用于可计算总数的字段，如房间面积、成本、合计或房间周长。如果在"排序/成组"选项卡中清除了"总计"选项，则不会显示总数

续表

明细表功能	操作方法
隐藏明细表字段	选择该字段并选择"隐藏字段"
字段条件格式包含于图样	选择该字段，然后选择"在图样上显示条件格式"，格式将显示在图样中
高亮显示明细表单元格	选择一个字段，然后单击"条件格式"，在"条件格式"对话框中调整格式参数

（5）外观。控制明细表放置在图样中的网格线、边界和字体样式等。外观中相关数据见表6-1-3。

表6-1-3　　　　　　　　　　明细表外观

明细表功能	操作方法
明细表网格线显示	单击"网格线"，然后从列表中选择网格线样式
垂直网格线延伸至页眉、页脚和分隔符	单击"页眉/页脚/分隔符中的网格"
明细表显示边界	单击"轮廓"，然后从列表中选择线样式
显示明细表标题	单击"显示标题"

明细表功能	操作方法
指定标题字体	从"标题"文字列表中选择文字类型
显示明细表页眉	单击"显示页眉"
指定标题字体	从"页眉"文字列表中选择文字类型
指定正文字体	从"正文"文字列表中选择文字类型
明细表列标题字段显示	单击"列页眉",可选择"下画线",然后从列表中选择线样式
空行插入	单击"数据前的空行"

在弹出的"明细表属性"对话框可用的字段中选择"族与类型"字段,单击"添加"将所选字段添加至明细表字段中,使用相同的方式将"宽度、高度、底高度、合计"字段都添加至明细表字段中,如图6-1-4所示。

图 6-1-4 明细表属性

在"可用的字段"中没有"洞口面积"参数，需要利用已有参数计算出洞口面积。单击"计算值"按钮，在弹出的"计算值"对话框中输入"洞口面积"参数，即在"名称"文本框中输入计算值名称"洞口面积"，选择"公式"，在"规程"的下拉列表中选择"公共"，在"类型"下拉列表中选择"面积"，在公式中设置洞口面积的公式，单击"字段"命令添加字段，在弹出的"字段"对话框中选择"宽度"字段，单击"确定"按钮，如图 6-1-5 所示。

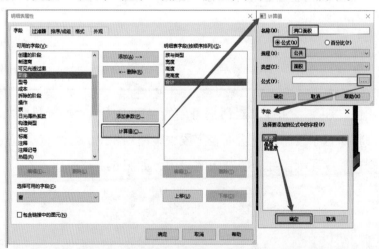

图 6-1-5 明细表计算值添加

200

输入"*",再次添加"高度"字段,单击"确定"按钮,完成公式添加;单击"确定"按钮,完成"洞口面积"计算值的创建,如图 6-1-6 所示。

图 6-1-6　洞口面积计算值公式设置

切换至"排序/成组"选项卡,选择排序方式依次为"族与类型→宽度→高度",选中"总计"复选框,并在右侧下拉列表中选择"标题、合计和总数",取消勾选"逐项列举每个实例"复选框,如图 6-1-7 所示。

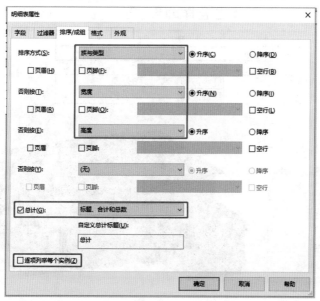

图 6-1-7　明细表排序设置

单击"确定"按钮完成窗明细表的创建，Revit 自动跳转至明细表视图中，如图 6-1-8 所示。

<别墅窗明细表>					
A	B	C	D	E	F
族与类型	宽度	高度	底高度	合计	洞口面积
Gliding 3x4: 3300 x 1500mm	3300	1500	800	1	4.95
固定: 1000 x 1200mm	1000	1200	800	3	1.20
型材推拉窗（有装饰格）: 2100mm*1500m	1500	2100	800	5	3.15
型材推拉窗（有装饰格）: 2100mm*2000mm	2000	2100	800	2	4.20
木格平开窗: 1500 x 1500mm	1500	1500	800	14	2.25
木格平开窗: 2000 x 1500mm	2000	1500	800	2	3.00
总计: 27					

图 6-1-8 窗明细表

2. 关键字明细表

通过新建"关键字"控制构建图元其他参数值，定义和使用关键字自动添加一致的明细表信息。使用关键字明细表，可以通过选择关键字值同时控制所有与该关键字关联的图元参数。

例如，房间明细表中可能包含 100 个地板、天花板和基面面层均相同的房间。通过定义关键字，就可自动填充信息。若房间有已定义的关键字，当这个房间添加到明细表中时，明细表中的相关字段将自动更新，以减少生成明细表所需的时间。可以使用关键字明细表定义关键字。以下以本小节中的窗样式明细表的窗添加相关参数为例进行讲解，如图 6-1-9 所示。

<别墅窗样式明细表>		
A	B	C
关键字名称	注释	制造商
窗1	红色玻璃	B公司
窗2	夹膜玻璃	A公司

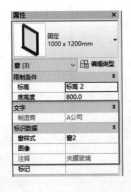

图 6-1-9 案例文件

打开案例文件"小别墅"，单击"视图"选项卡"创建"面板"明细表"下拉列表中的"明细表/数量"命令，在弹出的"新建明细表"对话框中，"过滤器列表"选择构件类别的规程"建筑"，选择所需统计构件的类别"窗"，在"名称"文本框中输入明细表名称"别墅窗样式明细表"，选择"明细表关键字"，在

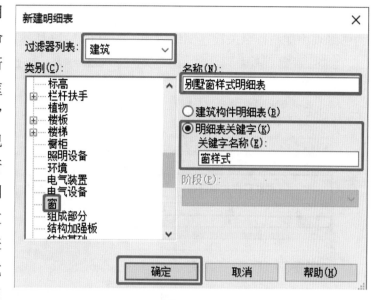

图 6-1-10　新建关键字明细表

"关键字名称"文本框中输入"窗样式"，设置明细表应用阶段，单击"确定"按钮，如图 6-1-10 所示。

在弹出的"明细表属性"对话框中，在"可用的字段"中选择"注释"字段，单击"添加"按钮将所选字段添加至明细表字段中，单击"添加参数"按钮，在弹出的"参数属性"对话框中输入参数名称"制造商"，规程为"公共"，参数类型为"文字"，单击"确定"按钮，完成"制造商"参数创建，单击"确定"按钮生成关键字明细表，如图 6-1-11

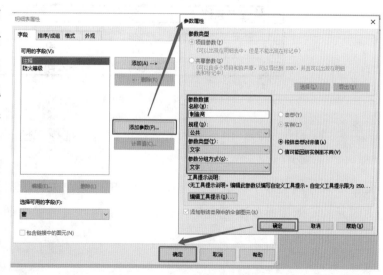

图 6-1-11　明细表参数设置

所示。

单击"修改明细表/数量"选项卡"行"面板中的"插入数据行"命令，为明细表添加新行至关键字明细表中，如图6-1-12所示。

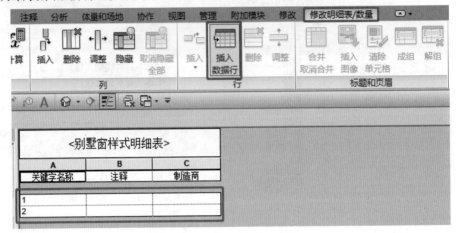

图 6-1-12 修改明细表

修改"关键字名称"参数值，并在每一行的参数中输入相应的信息，如图6-1-13所示。

<别墅窗样式明细表>		
A	**B**	**C**
关键字名称	注释	制造商
窗1	红色玻璃	B公司
窗2	夹膜玻璃	A公司

图 6-1-13 关键字参数录入

在"项目浏览器"中，进入"三维"视图，选择二楼三扇"固定"窗，在"属性"面板中修改"窗样式"参数值为"窗2"（见图6-1-14），在"属性"面板中的其他关键字参数值也应用至图元中，修改关键字明细表参数值，项目中图元的实例属性也随之变化，这就完成了使用关键字明细表创建图元的相关属性，如图6-1-15所示。

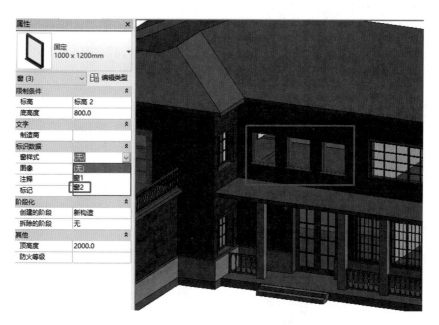

图 6-1-14　设置关键字

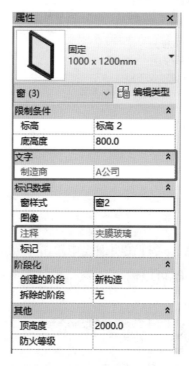

图 6-1-15　参数查看

3. 多类别明细表

若要使用明细表统计多类别构件信息，可采用多类别明细表进行统计。单击"视图"选项卡"创建"面板"明细表"下拉列表中的"明细表/数量"命令，在弹出的"新建明细表"对话框中，选择所需统计构件的"类别"为"多类别"，在"名称"文本框中输入明细表名称，单击"确定"按钮，其他设置与"明细表/数量"一致，如图 6-1-16 所示。

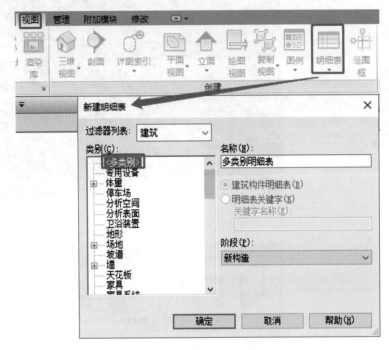

图 6-1-16　多类别明细表

三、明细表设置

在创建明细表完成后，通过在明细表中单击单元格可以编辑该单元格。可以从列表中选择一个值，也可以输入文字。添加新值后，这些值将出现在该字段的列表中，如图 6-1-17 所示。

图 6-1-17　明细表设置

1."属性"栏

可通过单击"属性"面板中的"属性"按钮，打开或关闭"属性"栏。

2.表格标题名称

可修改表格名称及所统计的内容。

3.列标题

可修改统计字段，不同表格内容不同。

4.设置单位格式

可设置选定单元格或行的单位格式。

5.计算

为表格添加计算值，并修改选定列标题。

6.插入

在选定的单元格或行的上方或下方插入一行。

7.删除

选择单元格，然后单击"删除列"或"删除行"，则删除单元格所在的行或列。

8.调整列宽

选择单个或多个单元格，然后选择"调整列宽"，并在对话框中指定一个值，调整选定的列。如选择多个列，设置的尺寸值为所有选定列宽之和，每列宽度等间距分配。

9.隐藏与取消隐藏

选择一个单元格或列页眉，然后单击"隐藏列"，则隐藏相应的列。单击"取消隐藏列"可显示所有隐藏的列。

10.调整行高

选择标题部分中的一行或多行，然后单击"调整行高"，并在对话框中指定一个值。

11.合并与取消合并

选择要合并的页眉单元格，单击"合并"。选择合并的单元格，再次单击"合并"，可分离合并的单元格。

12.插入图像

选择一个或多个单元格，然后单击"插入图像"并指定图像文件。

13. 清除单元格

删除选定页眉单元格的文字和参数关联。

14. 成组

用于为明细表中选定几列的页眉创建新的标题。

15. 解组

删除在将两个或更多列标题组成一组时所添加的列标题。

16. 着色

为选定的单元格指定背景颜色。

17. 边界

为选定的单元格范围指定线样式和边框。

18. 重设

用于删除与选定单元格关联的所有格式。

19. 字体

修改选定单元格内文字的属性。

20. 对齐

修改选定单元格内文字水平或垂直方向上的对齐样式。

21. 在模型中高亮显示

用于在一个或多个项目视图中显示选定的图元。

四、导出明细表

可将明细表导出为一个分隔符文本文件，导出的文件可在许多电子表格程序中打开。在项目浏览器中，进入"别墅窗明细表"，单击"应用程序"菜单中"导出"侧拉列表"报告"中的"明细表"命令，如图6-1-18所示。

图 6-1-18 导出明细表

在弹出的"导出明细表"对话框中选择保存文件的位置，并设置明细表的名称，单击"保存"按钮，如图 6-1-19 所示。

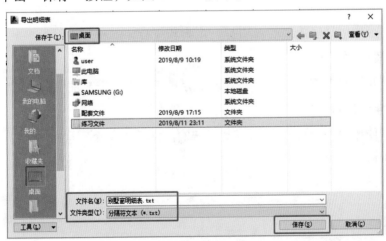

图 6-1-19 保存明细表

　　在弹出的"导出明细表"对话框中单击"确定"按钮保存明细表，如图6-1-20所示。

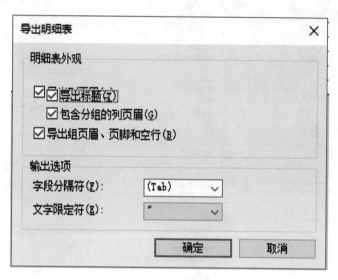

图 6-1-20　导出设置

1. 导出列页眉

指定是否导出 Revit 列页眉。

2. 一行

只导出底部列页眉。

3. 多行，按格式

导出所有列页眉，包括成组的列页眉单元格。

4. 导出组页眉、页脚和空行

指定是否导出排序成组的页眉行、页脚和空行。

5. 字段分隔符

指定是使用制表符、空格、逗号还是分号来分隔输出文件中的字段。

6. 文字限定符

指定是使用单引号还是双引号来括起输出文件中每个字段的文字，或者不使用任何注释符号。

第 2 节　渲染视图设置与图像输出

一、渲染视口创建

打开案例文件"小别墅"，在"项目浏览器"中，进入"标高 1"楼层平面视图，如图 6-2-1 所示。单击"视图"选项卡"创建"面板中"三维视图"下拉列表中的"相机"命令，如图 6-2-2 所示。

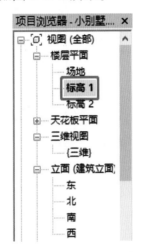

图 6-2-1　进入楼层平面视图

图 6-2-2　选择相机

在选项栏中输入相机视点高度"偏移量"值为 1750，在平面视图中单击第一点确定视点位置（见图 6-2-3），在选项栏上输入相机目标高度"偏移量"值为 1750，单击第二点确定目标位置，视口跳转至相机视口，如图 6-2-4 所示。

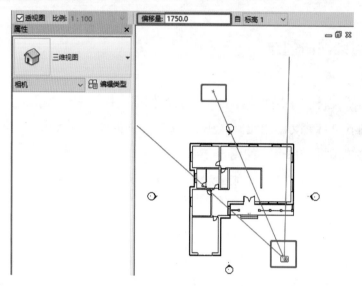

图 6-2-3　创建相机

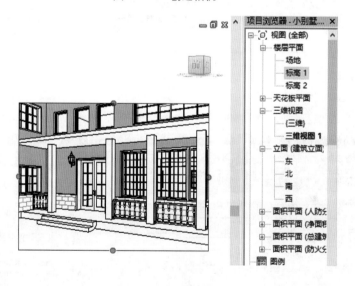

图 6-2-4　相机视图

选择相机视图中的边框，在边框上出现了四个控制点，分别拖动控制点，可以控制视图的显示区域；也可通过单击上下文选项卡中的"尺寸裁剪"命令，来完成相机视图范围的设置。使用 Shift+ 鼠标中键修改视图角度，调整视图显示区域显示视图。修改视觉样式为"真实",在三维视图属性框中修改视图名称为"小别墅",如图 6-2-5 所示。

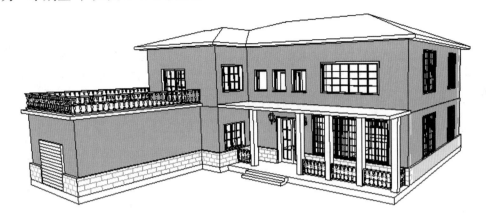

图 6-2-5 设置相机视图显示样式

如果要修改相机"视点"与"目标"的位置,选择相机视图的边框,在"项目浏览器"中,进入"标高 1"楼层平面视图,调整"相机视点""相机目标""相机深度"三个控制点,如图 6-2-6 所示。

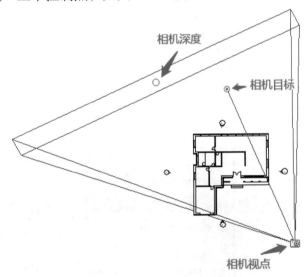

图 6-2-6 相机视点修改

若在视图"属性"面板中取消勾选"远剪裁激活",相机范围将变成无限远。

二、渲染设置

Autodesk Raytracer 是基于物理的无偏差渲染引擎，渲染过程根据物理方程式和真实着色 / 照明模型模拟光线流以精确地表示真实的材料。作为无偏差渲染器，Raytracer 会尽可能准确地计算灯光路径，渲染场景基于物理上精确的光源、材质和反射光。Revit 根据渲染方式的不同可以分为"渲染"和"Cloud 渲染"两种，接下来以"小别墅"案例文件为例来讲解渲染，如图 6-2-7 所示。

图 6-2-7　模型渲染

在"项目浏览器"中，进入"小别墅"三维视图，单击"视图"选项卡"图形"面板中的"渲染"命令，打开"渲染"对话框，如图 6-2-8 所示。

图 6-2-8　渲染设置

1. 区域

勾选"区域"复选框可以进行局部渲染。选中"区域"复选框后，在绘图区域出现红色边框，选中红色边框，通过调节边框上的蓝色控制点设置渲染区域，如图 6-2-9 所示。

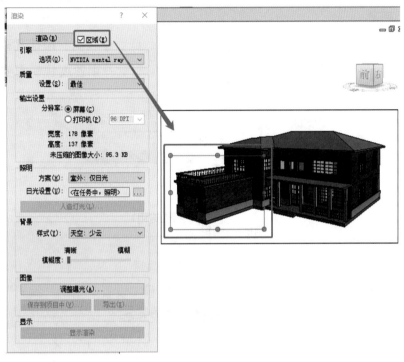

图 6-2-9　渲染区域设置

2. 引擎

Revit 提供了两种渲染器，分别是：NVIDIA mental ray（脱机三维渲染技术）和 Autodesk 光线跟踪器（实时三维渲染技术）。渲染引擎选项如图 6-2-10 所示。

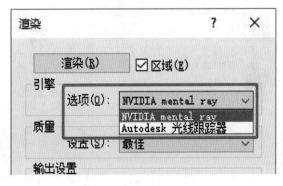

图 6-2-10　渲染引擎选项

215

注意只有选择"NVIDIA mental ray"作为渲染引擎时，作为视图属性一部分的更改渲染设置选项才可用。若选择"Autodesk 光线跟踪器"作为渲染引擎，则渲染设置无法作为视图属性的一部分保存。使用"Autodesk 光线跟踪器"时，必须先定义这些设置才能渲染图像。

3. 质量

在质量"设置"下拉列表中，可以从绘图、低、中、高、最佳几种模式中进行渲染质量的设置，如图 6-2-11 所示。渲染质量差则速度快，需要自行进行取舍。

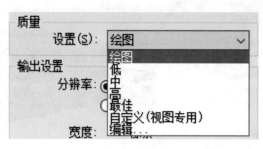

图 6-2-11　渲染质量选择

将质量设置为"自定义"时，可以使用质量"设置"中的"编辑"设置渲染质量（见图 6-2-12），渲染质量参数说明见表 6-2-1。

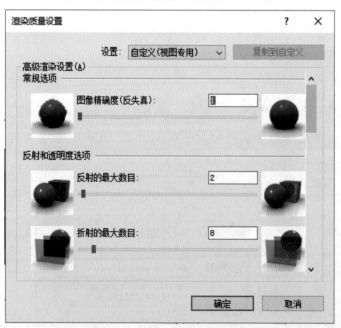

图 6-2-12　渲染质量设置

表 6-2-1　　　　　　　　　　　　　　渲染设置说明

设置	说明
常规选项	
图像精确度(反失真)	增加该值以平滑渲染图像中的锯齿状边。输入一个 1（最锯齿状的）到 10（最平滑的）之间的值
反射和透明度选项	
最大反射数	渲染图像中存在没有反射的对象时，增加该值。输入一个 0（无反射）到 100（最多反射）之间的值
最大折射数	无法通过多个玻璃嵌板看到对象时，增加该值。输入一个 0（完全不透明）到 100（完全透明）之间的值
漫反射精确度	在漫反射中，如果对象的边缘或表面出现斑点，则增大此值。输入一个 1（有斑点的）到 11（最平滑的）之间的值
漫反射精确度	通过粗糙玻璃看到的对象的边有斑点时，增加该值。输入一个 1（有斑点的）到 11（最平滑的）之间的值
阴影选项	
启用柔和阴影	选择此选项可使阴影边变模糊。清除此选项可使阴影边尖锐而清晰
柔和阴影精确度	当柔和阴影的边有斑点而非平滑时，增加该值。输入一个 1（有斑点的阴影）到 10（最平滑的阴影）之间的值

续表

设置	说明
间接照度选项	
计算间接照度和天空照度	选择此选项可包含来自天空的光线和从其他对象反射的光线。清除此选项以从渲染图像忽略这些光源
间接照度精确度	增加该值以获得更加详细的间接照度（间接光中可见的详细程度）和阴影。更高的精确度产生更小的微效果，通常在角中或对象之下。输入一个 1（少细节）到 10（多细节）之间的值
间接照度平滑度	间接照度出现斑点或鳞片状时，增加该值。更高的精确度产生更小的细微效果，通常在角中或对象之下。输入一个 1（多斑点）到 10（少斑点）之间的值
间接照度反射率	当应间接照射的场景区域未按预期显示时，增加该值。此设置确定间接光从场景中的对象反射的次数。它控制间接照明中写实的数量。反射越多，光越能穿透场景，产生实际上更加正确的照明和更亮的场景。输入一个 1（少间接照度）到 100（多间接照度）之间的值。通常，三个反射可为间接照度获得足够的效果。更多的反射可以添加更多细微的效果，但通常不显著
采光口选项（仅适用于日光照射的室内）	
窗	渲染引擎是否计算窗的采光口。默认情况下会关闭此设置
门	渲染引擎是否计算包含玻璃门的采光口。默认情况下会关闭此设置
幕墙	渲染引擎是否计算幕墙的采光口。默认情况下会关闭此设置

注意仅选择"NVIDIA mental ray"作为渲染引擎，并选择"质量"选项对应的"编辑"时，这些高级设置才可用。

4. 输出设置

可以设置分辨率为屏幕或者是打印机。打印机有不同的分辨率参数可以选择，通过分辨率及大小可以调整输出照片的尺寸。

5. 照明

在"方案"下拉列表中定义日光的照明方案，如图6-2-13所示。

图6-2-13 照明方案

单击"日光设置"文本框后的"选择太阳位置"按钮进入"日光设置"对话框（见图6-2-14），在弹出的"日光设置"对话框中定义太阳的位置（见图6-2-15）。若"方案"选择含有"人造灯光"的照明方案，则可进入"人造灯光"对话框进行设置，如图6-2-16所示。

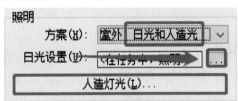

图6-2-14 照明方案选择

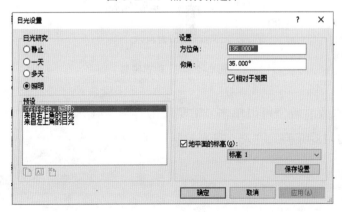

图6-2-15 日光设置

219

图 6-2-16 人造灯光设置

6. 背景

使用"背景"设置为渲染图像指定背景，样式分为"天空""颜色""图像"三类，如图 6-2-17 所示。

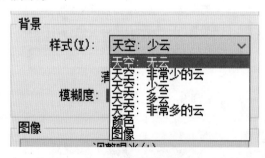

图 6-2-17 背景设置

7. 图像

在渲染图像前后，可以单击"渲染"对话框"图像"中的"调整曝光"按钮，如图 6-2-18 所示，进入"曝光控制"对话框。

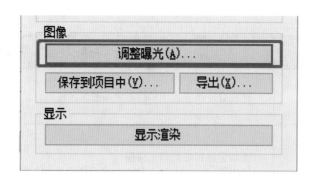

图 6-2-18 图像设置

在弹出的"曝光控制"对话框中，调整图像的亮暗效果（见图 6-2-19），参数设置详见表 6-2-2。

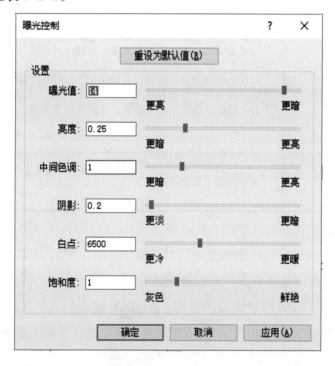

图 6-2-19 调整曝光

表 6-2-2 曝光控制设置说明

设置	说明
曝光值	渲染图像的总体亮度
高亮显示	图像最亮区域的灯光级别

221

续表

设置	说明
中间色调	亮度介于高亮显示和阴影之间图像区域的灯光级别
阴影	图像最暗区域的灯光级别 　NVIDIA mental ray：输入一个介于 0.1（较亮的阴影）和 4（较暗的阴影）之间的值 　Autodesk Raytracer：输入一个介于 0.1（较亮的阴影）和 1（较暗的阴影）之间的值
白点	应该在渲染图像中显示为白色的光源色温 　如果渲染图像看上去橙色太浓，应减小"白点"值；如果渲染图像看上去太蓝，应增大"白点"值 　如果场景使用日光照明，应使用值为6500；如果场景使用白炽灯照明，应使用与灯光色温相当的"白点"值，或者从值 2800 开始使用，然后根据需要上下调整，以获得所需效果
饱和度	渲染图像中颜色的亮度

8．显示

当渲染完成后，可单击"渲染"对话框"显示"中的"显示模型"来显示模型效果，单击"显示渲染"显示渲染效果。

在"渲染"对话框中设置引擎为"NVIDIA mental ray"，质量为"高"，输出设置为"打印机：300DPI"，照明方案为"室外：日光和人造光"，背景样式为"天空：多云"，如图 6-2-20 所示。

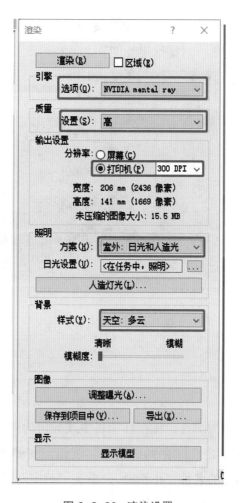

图 6-2-20　渲染设置

设置完成后，单击"渲染"按钮，开始渲染，并弹出"渲染进度"对话框，显示渲染进度，如图 6-2-21 所示。

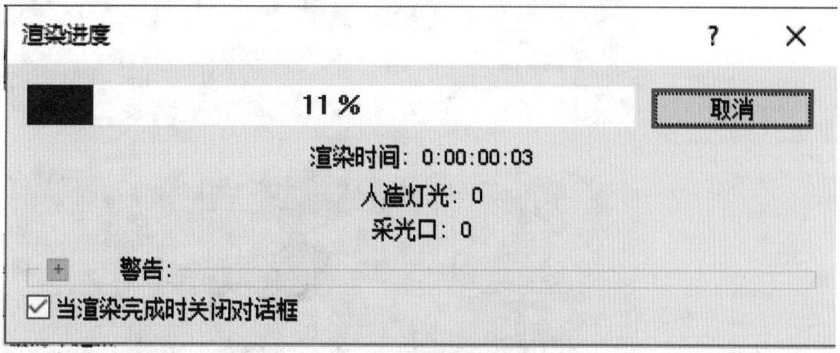

图 6-2-21　渲染进度

选中"渲染进度"对话框中的"当渲染完成时关闭对话框"复选框，渲染完成后此工具条自动关闭，渲染结果如图 6-2-22 所示。

图 6-2-22 渲染结果

三、图像输出

可将渲染图像导出为图片，保存在项目中或导出为图片格式。渲染完成后，在"渲染"对话框中单击"保存到项目中"按钮，在弹出的"保存到项目中"对话框中输入渲染图像的名称"小别墅"，单击"确定"按钮，可以把图片保存到项目中，如图 6-2-23 所示。

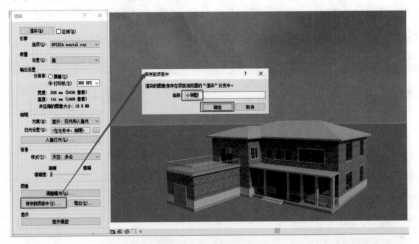

图 6-2-23 图像保存

在"渲染"对话框中单击"导出"按钮，在弹出的"保存图像"对话框中输入文件名为"小别墅"，设置保存文件的位置，单击"保存"按钮，可以把图片以 JPEG 格式另存到指定位置，如图 6-2-24 所示。

图 6-2-24　图片导出

若要将保存在项目中的渲染文件导出 JPEG 格式文件，可以单击"应用程序"菜单中"导出"侧拉列表"图像和动画"中的"图像"命令，如图 6-2-25 所示。

图 6-2-25　导出图像和动画

　　在弹出的"导出图像"对话框中输入图像名称并选择保存文件的位置，设置图像尺寸及格式，单击"确定"按钮，将图像另存到指定位置，如图 6-2-26 所示。

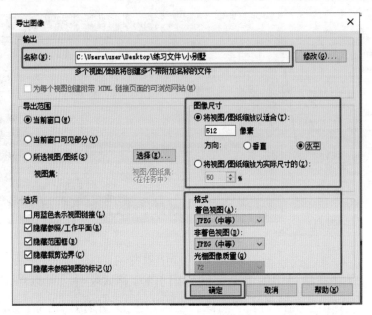

图 6-2-26　导出图像设置

第 7 章   ⑦
相关法律、法规

第1节　《中华人民共和国建筑法》简介

　　1997 年 11 月 1 日第八届全国人民代表大会常务委员会第二十八次会议通过《中华人民共和国建筑法》。根据 2011 年 4 月 22 日中华人民共和国第十一届全国人民代表大会常务委员会第二十次会议《全国人民代表大会常务委员会关于修改〈中华人民共和国建筑法〉的决定》第一次修正。根据 2019 年 4 月 23 日中华人民共和国第十三届全国人民代表大会常务委员会第十次会议《关于修改〈中华人民共和国建筑法〉等八部法律的决定》第二次修正。

　　《中华人民共和国建筑法》内容分为总则、建筑许可、建筑工程发包与承包、建筑工程监理、建筑安全生产管理、建筑工程质量管理、法律责任、附则。

第2节　建筑工程基本法规制度

　　随着国家的高速发展，建筑业对国民经济的发展起到了极大的促进作用，但相应的问题也层出不穷，这就要求根据社会的发展，不断地建立、健全和完善建筑法律、法规，发挥建筑法规在建筑行业中的促进作用。

一、劳动合同及劳动关系制度

　　狭义的劳动法是指《中华人民共和国劳动法》。广义的劳动法是指调整劳动关系的法律、法规和规章，除包括狭义的劳动法之外，还包括《中华人民共和国劳动合同法》（以下简称《劳动合同法》）、《中华人民共和国劳动争议调解仲裁法》（以下简称《劳动争议调解仲裁法》）、《中华人民共和国劳动合同法实施条例》等。

229

1. 劳动合同及订立劳动合同

（1）劳动合同及劳动关系

1）劳动合同。劳动合同是用人单位与劳动者进行双向选择、确定劳动关系、明确双方权利义务的协议。

2）劳动关系。劳动关系指劳动者与用人单位在实现劳动过程中建立的社会经济关系。

（2）劳动合同的订立。劳动合同订立的原则是合法、公平、平等自愿、协商一致、诚实信用。

1）特别规定。用人单位不得要求劳动者提供担保或者以其他名义向劳动者收取财物。用人单位不得扣押劳动者的居民身份证或者其他证件。

2）劳动合同的期限。劳动合同期限是劳动合同的有效时间，是劳动关系当事人双方享有权利和履行义务的时间。劳动合同期限始于劳动合同的生效之日，终于劳动合同的终止之时，是劳动合同存在的前提条件。

3）劳动合同的种类。劳动合同分为固定期限劳动合同、无固定期限劳动合同、以完成一定工作任务为期限的劳动合同。

2. 劳动合同的履行、解除和终止

（1）劳动合同的履行。用人单位与劳动者应当按照劳动合同的约定，全面履行各自的义务。

1）用人单位应向劳动者及时足额支付劳动报酬，用人单位拖欠或者未足额支付劳动报酬的，劳动者可以依法向当地人民法院申请支付令。

2）用人单位不得强迫或者变相强迫劳动者加班。

3）劳动者拒绝用人单位管理人员违章指挥、强令冒险作业的，不视为违反劳动合同。

4）用人单位变更名称、法定代表人、主要负责人或者投资人等事项，不影响劳动合同的履行。

5）用人单位发生合并或者分立等情况，原劳动合同继续有效，劳动合同由承继其权利和义务的用人单位继续履行。

6）用人单位应当依法建立和完善劳动规章制度，保障劳动者享有劳动权利，履行劳动义务。

（2）劳动合同的解除。用人单位与劳动者协商一致，可以解除劳动合同。

劳动者提前三十日以书面形式通知用人单位，可以解除劳动合同。劳动者在试用期内，提前三日通知用人单位，可以解除劳动合同。

（3）劳动合同的终止。

1）《劳动合同法》第四十四条规定，有下列情形之一的，劳动合同终止：

①劳动合同期满的。

②劳动者开始依法享受基本养老保险待遇的。

③劳动者死亡或者被人民法院宣告死亡或者宣告失踪的。

④用人单位被依法宣告破产的。

⑤用人单位被吊销营业执照、责令关闭、撤销或者用人单位决定提前解散的或法律、行政法规规定的其他情形。

2）在本单位患有职业病，或者因工负伤并被确认丧失或者部分丧失劳动能力的劳动者其劳动合同的终止，按照国家有关工伤保险的规定执行。

3. 劳动争议的解决

劳动争议发生后，当事人应该按法定程序解决。《劳动争议调解仲裁法》规定，解决劳动争议，应当根据事实，遵循合法、公正、及时、着重调解的原则，依法保护当事人的合法权益。发生劳动争议，劳动者可以与用人单位协商，也可以请工会或者第三方共同与用人单位协商，达成和解协议。发生劳动争议时，当事人不愿协商、协商不成或者达成和解协议后不履行的，可以向调节组织申请调解；不愿调解、调解不成或者达成调解协议后不履行的，可以向劳动争议仲裁委员会申请仲裁；对仲裁裁决不服的，除本法另有规定的外，可以向人民法院提起诉讼。

4. 违法行为应承担的法律责任

《劳动合同法》第九十一条规定，用人单位招用与其他用人单位尚未解除或者终止劳动合同的劳动者，给其他用人单位造成损失的，应当承担连带赔偿责任。

《劳动合同法》第九十三条规定，对不具备合法经营资格的用人单位的违法犯罪行为，依法追究法律责任；劳动者已经付出劳动的，该单位或者其出资人应当按照本法有关规定向劳动者支付劳动报酬、经济补偿、赔偿金；给劳动者造成损害的，应当承担赔偿责任。

《劳动合同法》第九十四条规定，个人承包经营违反本法规定招用劳动者，给劳动者造成损害的，发包的组织与个人承包经营者承担连带赔偿责任。

二、环境保护法规制度

狭义的环境保护法是指《中华人民共和国环境保护法》。广义的环境保护法是指与环境保护相关的法律规范性文件的总和，除包括狭义的环境保护法之外，还包括《中华人民共和国环境影响评价法》《中华人民共和国水污染防治法》《中华人民共和国大气污染防治法》《中华人民共和国环境噪声污染防治法》《中华人民共和国固体废物污染防治法》《建设项目环境保护条例》等。

1. 建设工程环境影响评价制度

环境影响评价是指对规划和建设项目实施后可能造成的环境影响进行分析、预测和评估，提出预防或者减轻不良环境影响的对策和措施，进行跟踪检测的方法和制度。

2. 建设工程环境保护"三同时"制度

建设工程环境保护"三同时"制度是指建设项目需要配套建设的环境保护设施，必须与主体工程同时设计、同时施工、同时投产使用。防治污染的设施应当符合经批准的环境影响评价文件的要求，不得擅自拆除或者闲置。

三、建设工程节能管理法规制度

为了推进全社会节约能源，提高能源利用效率和经济效益，保护环境，保障国民经济和社会的发展，满足人民生活需要，我国形成了由《中华人民共和国节约能源法》《民用建筑节能条例》《民用建筑节能管理规定》等组成的关于建筑节能的法规与制度体系。

1. 节约能源法对建筑节能的相关规定

国务院建设主管部门负责全国建筑节能的监督管理工作。县级以上地方各级人民政府建设主管部门，负责本行政区域内建筑节能的监督管理工作。县级以上地方各级人民政府建设主管部门，会同同级管理节能工作的部门，编制本行政区域内的建筑节能规划。建筑节能规划应当包括既有建筑节能改造计划。

建筑工程的建设、设计、施工和监理单位应当遵守建筑节能标准。不符合建筑节能标准的建筑工程，建设主管部门不得批准开工建设；已经开工建设的，应当责令停止施工，限期改正；已经建成的，不得销售或者使用。建设主管部门应当加强对在建建筑工程执行建筑节能标准情况的监督检查。

2. 民用建筑节能条例的相关规定

（1）新建建筑节能。国家推广使用民用建筑节能的新技术、新工艺、新材料和新设备，限制使用或者禁止使用能源消耗高的技术、工艺、材料和设备。国务院节能工作主管部门与建设主管部门，应当制定公布并及时更新推广使用、限制使用、禁止使用目录。国家限制进口或者禁止进口能源消耗高的技术、材料和设备。建设单位、设计单位、施工单位不得在建筑活动中使用列入禁止使用目录的技术、工艺、材料和设备。

（2）既有建筑节能。既有建筑节能改造应当根据当地经济社会发展水平和地理气候条件等实际情况，有计划、分步骤地实施分类改造。条例所称既有建筑节能改造，是指对不符合民用建筑节能强制性标准的既有建筑的围护结构、供热系统、采暖制冷系统、照明设备和热水供应设施等实施节能改造的活动。

实施既有建筑节能改造，应当符合民用建筑节能强制性标准，优先采用遮阳、改善通风等低成本改造措施。既有建筑围护结构和供热系统的改造，应当同步进行。对实行集中供热的建筑进行节能改造，应当安装供热系统调控装置和用热计量装置。对公共建筑进行节能改造，还应当安装室内温度调控装置和用电分项计量装置。

（3）民用建筑节能管理规定。国务院建设行政主管部门根据建筑节能发展状况和技术先进、经济合理的原则，组织制定建筑节能相关标准，建立和完善建筑节能标准体系；省、自治区、直辖市人民政府建设行政主管部门，应当严格执行国家民用建筑节能有关规定，可以制定严于国家民用建筑节能标准的地方标准或者实施细则。鼓励民用建筑节能的科学研究和技术开发，推广应用节能型的建筑、结构、材料、用能设备和附属设施及相应的施工工艺、应用技术和管理技术，促进可再生能源的开发利用，鼓励发展建筑节能技术和产品。

四、建设工程消防管理法规制度

消防法是指 1998 年 9 月 1 日起施行的《中华人民共和国消防法》。该法后经第十一届全国人民代表大会常务委员会第五次会议于 2008 年 10 月 28 日修订通过，自 2009 年 5 月 1 日起施行；又由 2019 年 4 月 23 日第十三届全国人民代表大会常务委员会第十次会议再次修正，并自 2019 年 4 月 23 日起施行。

建设工程的消防设计、施工必须符合国家工程建设消防技术标准。建设、设计、施工、工程监理等单位依法对建设工程的消防设计、施工质量负责。

对按照国家工程建设消防技术标准需要进行消防设计的建设工程，实行建设工程消防设计审查验收制度。

国务院住房和城乡建设主管部门规定的特殊建设工程，建设单位应当将消防设计文件报送住房和城乡建设主管部门审查，住房和城乡建设主管部门依法对审查的结果负责。除此以外的其他建设工程，建设单位申请领取施工许可证或者申请批准开工报告时应当提供满足施工需要的消防设计图纸及技术资料。

附录 建筑信息模型应用统一标准

1. 总则

1.1 为贯彻执行国家技术经济政策，推进工程建设信息化实施，统一建筑信息模型应用基本要求，提高信息应用效率和效益，制定本标准。

1.2 本标准适用于建设工程全生命期内建筑信息模型的创建、使用和管理。

1.3 建筑信息模型应用，除应符合本标准外，尚应符合国家现行有关标准的规定。

2. 术语和缩略语

2.1 术语

2.1.1 建筑信息模型 building information modeling，building information model（BIM）

在建设工程及设施全生命期内，对其物理和功能特性进行数字化表达，并依此设计、施工、运营的过程和结果的总称，简称模型。

2.1.2 建筑信息子模型 sub building information model（sub-BIM）

建筑信息模型中可独立支持特定任务或应用功能的模型子集，简称子模型。

2.1.3 建筑信息模型元素 BIM element

建筑信息模型的基本组成单元。简称模型元素。

2.1.4 建筑信息模型软件 BIM software

对建筑信息模型进行创建、使用、管理的软件，简称 BIM 软件。

2.2 缩略语

P-BIM 基于工程实践的建筑信息模型应用方式 practice-based BIM mode

3. 基本规定

3.1 模型应用应能实现建设工程各相关方的协同工作和信息共享。

3.2 模型应用宜贯穿建设工程全生命期，也可根据工程实际情况在某一阶段或环节内应用。

3.3 模型应用宜采用基于工程实践的建筑信息模型应用方式（P-BIM），并应符合国家相关标准和管理流程的规定。

235

3.4 模型创建、使用和管理过程中，应采取措施保证信息安全。

3.5 BIM 软件宜具有查验模型及其应用符合我国相关工程建设标准的功能。

3.6 对 BIM 软件的专业技术水平、数据管理水平和数据互用能力宜进行评估。

4. 模型结构与扩展

4.1 一般规定

4.1.1 模型中需要共享的数据应能在建设工程全生命期各个阶段、各项任务和各相关方之间交换和应用。

4.1.2 通过不同途径获取的同一模型数据应具有唯一性。采用不同方式表达的模型数据应具有一致性。

4.1.3 用于共享的模型元素应能在建设工程全生命期内被唯一识别。

4.1.4 模型结构应具有开放性和可扩展性。

4.2 模型结构

4.2.1 BIM 软件宜采用开放的模型结构，也可采用自定义的模型结构。BIM 软件创建的模型，其数据应能被完整提取和使用。

4.2.2 模型结构由资源数据、共享元素、专业元素组成，可按照不同应用需求形成子模型。

4.2.3 子模型应根据不同专业或任务需求创建和统一管理，并确保相关子模型之间信息共享。

4.2.4 模型应根据建设工程各项任务的进展逐步细化，其详细程度宜根据建设工程各项任务的需要和有关标准确定。

4.3 模型扩展

4.3.1 模型扩展应根据专业或任务需要，增加模型元素种类及模型元素数据。

4.3.2 增加模型元素种类宜采用实体扩展方式。增加模型元素数据宜采用属性或属性集扩展方式。

4.3.3 模型元素宜根据适用范围、使用频率等进行创建、使用和管理。

4.3.4 模型扩展不应改变原有模型结构，并应与原有模型结构协调一致。

5. 数据互用

5.1　一般规定

5.1.1　模型应满足建设工程全生命期协同工作的需要，支持各个阶段、各项任务和各相关方获取、更新、管理信息。

5.1.2　模型交付应包含模型所有权的状态，模型的创建者、审核者与更新者，模型创建、审核和更新的时间，以及所使用的软件及版本。

5.1.3　建设工程各相关方之间模型数据互用协议应符合国家现行有关标准的规定；当无相关标准时，应商定模型数据互用协议，明确互用数据的内容、格式和验收条件。

5.1.4　建设工程全生命期各个阶段、各项任务的建筑信息模型应用标准应明确模型数据交换内容与格式。

5.2　交付与交换

5.2.1　数据交付与交换前，应进行正确性、协调性和一致性检查，检查应包括下列内容。

1. 数据经过审核、清理。

2. 数据是经过确认的版本。

3. 数据内容、格式符合数据互用标准或数据互用协议。

5.2.2　互用数据的内容应根据专业或任务要求确定，并应符合下列规定。

1. 应包含任务承担方接收的模型数据。

2. 应包含任务承担方交付的模型数据。

5.2.3　互用数据的格式应符合下列规定。

1. 互用数据宜采用相同格式或兼容格式。

2. 互用数据的格式转换应保证数据的正确性和完整性。

5.2.4　接收方在使用互用数据前，应进行核对和确认。

5.3　编码与存储

5.3.1　模型数据应根据模型创建、使用和管理的需要进行分类和编码。分类和编码应满足数据互用的要求，并应符合建筑信息模型数据分类和编码标准的规定。

5.3.2　模型数据应根据模型创建、使用和管理的要求，按建筑信息模型存储标准进行存储。

5.3.3　模型数据的存储应满足数据安全的要求。

6. 模型应用

6.1　一般规定

6.1.1　建设工程全生命期内，应根据各个阶段、各项任务的需要创建、使用和管理模型，并应根据建设工程的实际条件，选择合适的模型应用方式。

6.1.2　模型应用前，宜对建设工程各个阶段、各专业或任务的工作流程进行调整和优化。

6.1.3　模型创建和使用应利用前一阶段或前置任务的模型数据，交付后续阶段或后置任务创建模型所需要的相关数据，且应满足本标准第 5 章的规定。

6.1.4　建设工程全生命期内，相关方应建立实现协同工作、数据共享的支撑环境和条件。

6.1.5　模型的创建和使用应具有完善的数据存储与维护机制。

6.1.6　模型交付应满足各相关方合约要求及国家现行有关标准的规定。

6.1.7　交付的模型、图纸、文档等相互之间应保持一致，并及时保存。

6.2　BIM 软件

6.2.1　BIM 软件应具有相应的专业功能和数据互用功能。

6.2.2　BIM 软件的专业功能应符合下列规定。

1. 应满足专业或任务要求。

2. 应符合相关工程建设标准及其强制性条文。

3. 宜支持专业功能定制开发。

6.2.3　BIM 软件的数据互用功能应至少满足下列要求之一。

1. 应支持开放的数据交换标准。

2. 应实现与相关软件的数据交换。

3. 应支持数据互用功能定制开发。

6.2.4　BIM 软件在工程应用前，宜对其专业功能和数据互用功能进行测试。

6.3　模型创建

6.3.1　模型创建前，应根据建设工程不同阶段、专业、任务的需要，对模型及子模型的种类和数量进行总体规划。

6.3.2　模型可采用集成方式创建，也可采用分散方式按专业或任务创建。

6.3.3　各相关方应根据任务需求建立统一的模型创建流程、坐标系及度量单位、信息分类和命名等模型创建和管理规则。

6.3.4 不同类型或内容的模型创建宜采用数据格式相同或兼容的软件。当采用数据格式不兼容的软件时，应能通过数据转换标准或工具实现数据互用。

6.3.5 采用不同方式创建的模型之间应具有协调一致性。

6.4 模型使用

6.4.1 模型的创建和使用宜与完成相关专业工作或任务同步进行。

6.4.2 模型使用过程中，模型数据交换和更新可采用下列方式。

1. 按单个或多个任务的需求，建立相应的工作流程。

2. 完成一项任务的过程中，模型数据交换一次或多次完成。

3. 从已形成的模型中提取满足任务需求的相关数据形成子模型，并根据需要进行补充完善。

4. 利用子模型完成任务，必要时使用完成任务生成的数据更新模型。

6.4.3 对不同类型或内容的模型数据，宜进行统一管理和维护。

6.4.4 模型创建和使用过程中，应确定相关方各参与人员的管理权限，并针对更新进行版本控制。

6.5 组织实施

6.5.1 企业应结合自身发展和信息化战略确立模型应用的目标、重点和措施。

6.5.2 企业在模型应用过程中，宜将 BIM 软件与相关管理系统相结合实施。

6.5.3 企业应建立支持建设工程数据共享、协同工作的环境和条件，并结合建设工程相关方职责确定权限控制、版本控制及一致性控制机制。

6.5.4 企业应按建设工程的特点和要求制定建筑信息模型应用实施策略。实施策略宜包含下列内容。

1. 工程概况、工作范围和进度，模型应用的深度和范围。

2. 为所有子模型数据定义统一的通用坐标系。

3. 建设工程应采用的数据标准及可能未遵循标准时的变通方式。

4. 完成任务拟使用的软件及软件之间数据互用性问题的解决方案。

5. 完成任务时执行相关工程建设标准的检查要求。

6. 模型应用的负责人和核心协作团队及各方职责。

7. 模型应用交付成果及交付格式。

8. 各模型数据的责任人。

9. 图纸和模型数据的一致性审核、确认流程。

10. 模型数据交换方式及交换的频率和形式。

11. 建设工程各相关方共同进行模型会审的日期。